はじめに

本書は月刊誌『現代農業』に掲載した、米の乾燥調製の記事を再編集してまとめたものです。世の中には、イネの育て方について書かれた本はたくさんありますが、収穫後の米を乾燥させて精米するまでのやり方についてまとめた本はありません。ちょっと珍しい本になりました。

農家からこんな声を聞くことがあります。「うちの米は翌年の梅雨過ぎたらガクンと味が落ちちゃう」。米の味は栽培のやり方でもちろん変わりますが、収穫後の乾燥、モミすり、選別、精米といった調製のやり方でも大きく違ってきます。収穫後のこれらの作業のほとんどは機械で行なわれます。そのため機械にお任せのことが多く、その中の構造やしくみもあまりよく知られていないようです。機械が故障したら機械屋さんを呼んで修理がすむまで作業は中止。事前にメンテナンスをしておけばいいのですが、いつの間にか後回し。そもそも、この時期の農家はみんな忙しいので、「ほかの人の作業を見ることなんてないし、みんな少なからず似たようなトラブルは当たり前なんでしょ?」という声も聞かれます。

本書ではそんな、よくある乾燥調製トラブルを事例から紐解いて、乾燥、モミすり、選別、精米のしくみを機械の構造とあわせて図解にしました。収穫シーズン前に簡単にできるメンテナンスも収録。作業中のわずかな調節だけで作業効率がアップするビックリ調節方法も収録しました。

おいしい米を届けたいのは、みんなの願い。栽培の工夫に加えて収穫後の作業にも工夫を重ねれば、一段とおいしい米に仕上がるはずです。本書がその一助になれば幸いです。

2022年8月

一般社団法人　農山漁村文化協会

倉持正実撮影

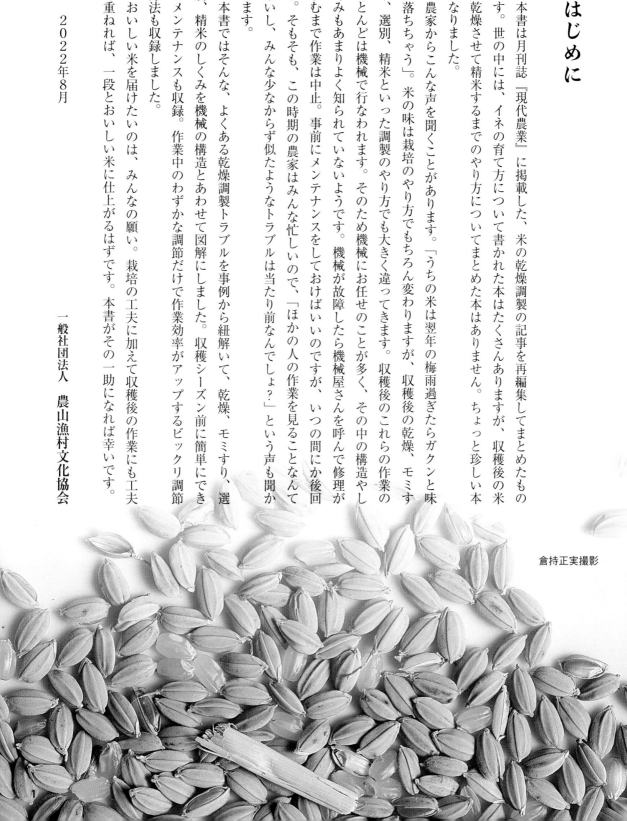

目次

PART 4 精米名人になる

＊執筆者・取材先の情報（肩書・所属など）、製品情報については『現代農業』掲載時のものです。

作業の流れ&トラブルでみる
米の乾燥調製 絵目次

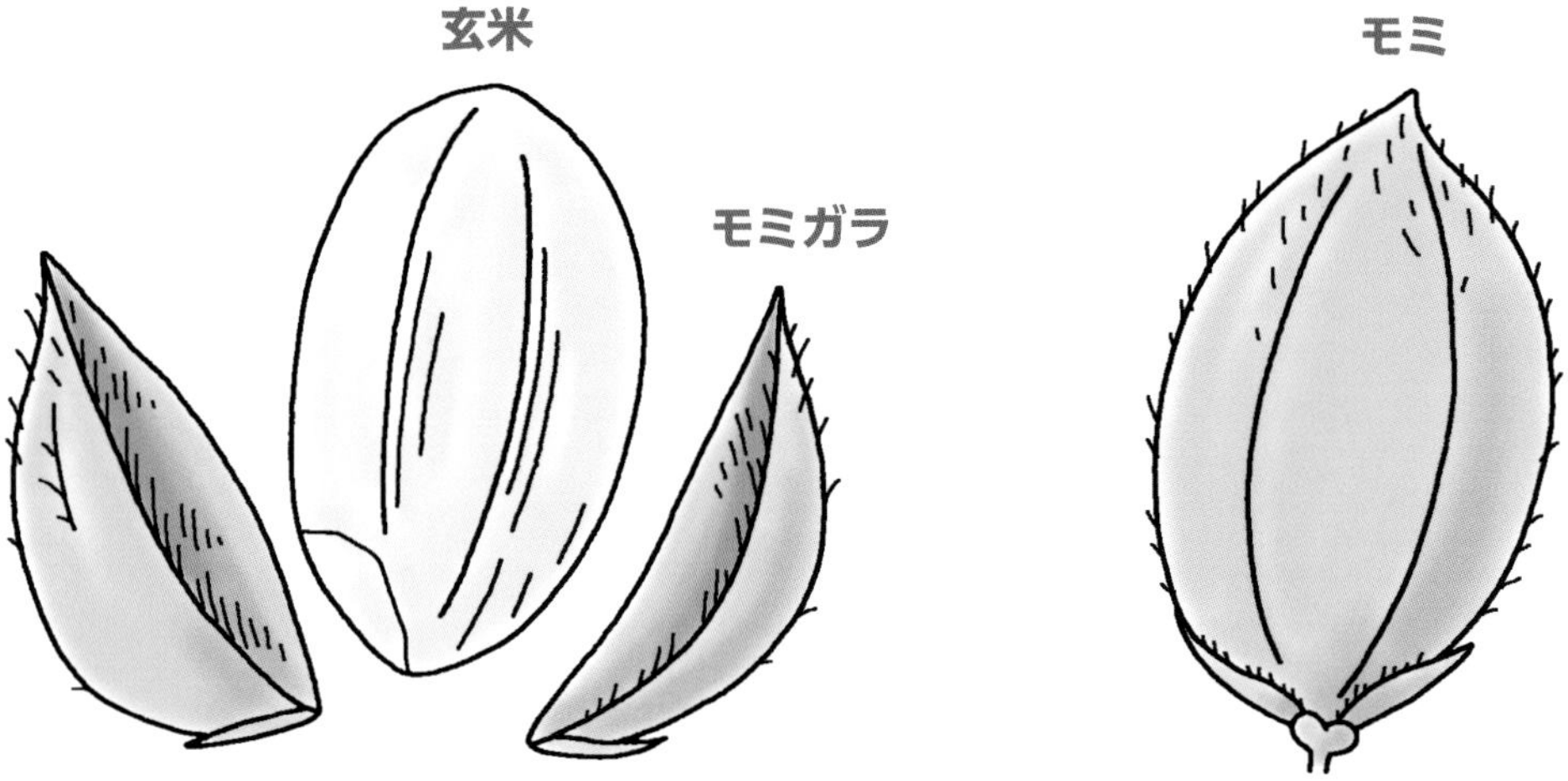

収穫 → 乾燥（乾燥機）／自然乾燥（天日干し） → モミすり（モミすり機）

モミ貯蔵

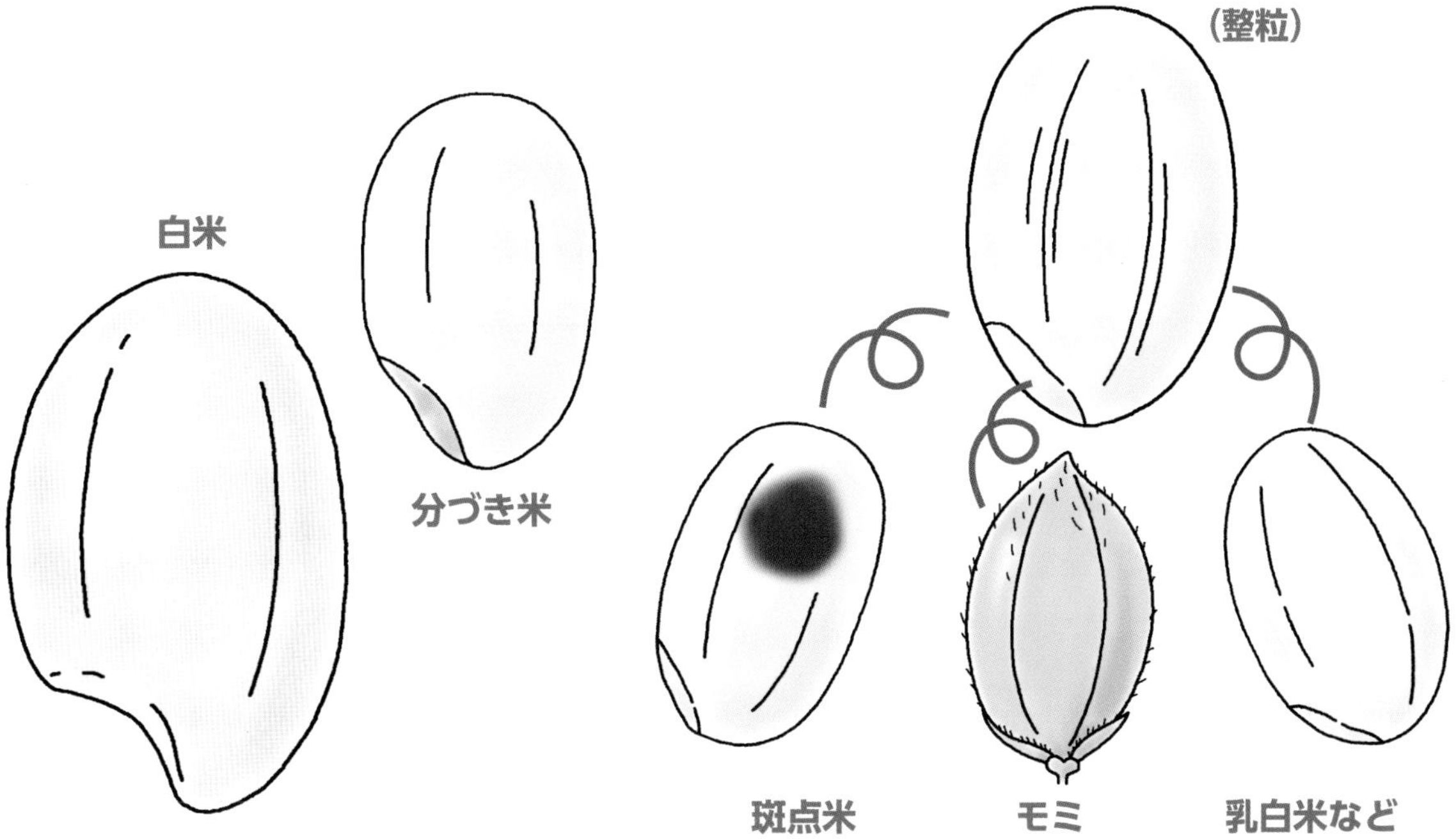

選別

選米機
(ライスグレーダー)
色彩選別機

モミが残る
(80ページ)

整粒を弾いてしまう
(80ページ)

玄米貯蔵

保冷庫を自作したい
(87, 88ページ)

低コストで環境負荷の小さい方法にしたい
(85, 86ページ)

精米

(精米機)

つきムラがある
(90ページ)

ヌカ切れが悪い
(96ページ)

分づき精米がしたい
(95ページ)

コイン精米機を導入したい (100ページ)

穀温が上がりすぎないようにしたい (103ページ)

出荷

(計量・包装)

米袋の持ち上げを省力化したい (104,105,106ページ)

米袋を早く結びたい (99ページ)

クズ米の計量を省力化したい (108ページ)

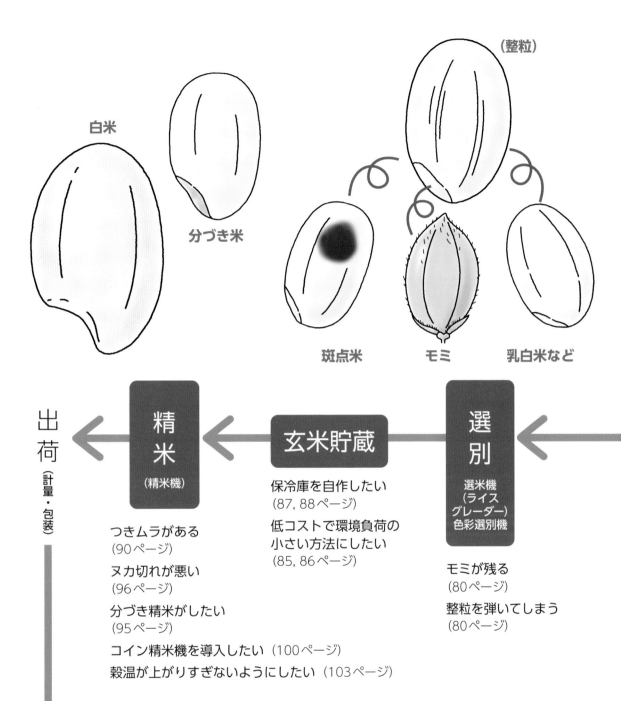

用語解説（本書に登場する用語の中から、知っておきたい言葉をピックアップして解説）

乾燥

張り込み（はりこみ）
乾燥機や精米機などの各種機械にモミや玄米を投入すること。

水分戻り（すいぶんもどり）
いったん乾燥したモミの水分が再び高くなること。モミの水分ムラや周囲の湿度などによって起こる。

二段乾燥（にだんかんそう）
米の機械乾燥のやり方の一つ。乾燥機を空けて次の米を入れるため温度を上げて一日で仕上げるのが一般的だが、二段乾燥は間にモミの水分が内側から外側に移行する時間を設ける。水分ムラがなく、味もよくなるといわれる。

自然乾燥（しぜんかんそう）
昔ながらの天日干しのこと。横に渡した竿竹などに掛けるはざ掛けと、直立した杭に重ねるように掛ける杭掛けがある。良食味米を求めるお客さんに根強い人気で、自然乾燥のイナワラにも需要がある。

胴割れ米（どうわれまい）
ひび割れが入った米のこと。炊いた米はデンプンが溶け出し、ベチャベチャとした食感となり、食味低下の原因となる。栽培方法にもよるが、収穫後の急激な乾燥で出やすいとされる。

モミすり

脱ぷ（だっぷ）
モミすりのこと。脱稃と書く。

万石（まんごく）
網や傾斜角度を利用してモミと玄米を選別する農具。現在はモミすり機の中に万石部が組み込まれている。

肌ずれ米（はだずれまい）
モミすりのときに玄米の表面のヌカ層が削れた米のこと。穀温が高い場合やモミ水分が高い場合に出やすいとされ、保存性や品質が悪くなるといわれる。

選別・貯蔵

一等米（いっとうまい）
国が定めた検査規格において一番いいランクの米。一等米は整粒歩合70％と決まっている。

整粒（せいりゅう）
きちんと形の整った米のことで、斑点米などの着色粒や、胴割れや虫害などの被害粒、乳白米などの未熟粒などを除いた粒のこと。

グレーダー（ぐれーだー）
モミすりされた玄米からクズ米を網目によって選別する機械。米選《べいせん》機、ライスグレーダーまたは自動選別計量機。

網下米（あみしたまい）
米を選別機にかけてふるい落とされた小さい米。ふるいの網目から落ちたもので、ふるい下米、クズ米とも呼ばれる。

色彩選別機（しきさいせんべつき）
米を袋詰めする段階で、石などの異物や斑点米などの着色粒をカメラセンサーによって除く機械。略称「色選」。

青未熟粒（あおみじゅくりゅう）
熟しきる直前のまだ葉緑素が残っている緑色の玄米のこと。透明の青未熟粒は「生き青」と呼ばれ、整粒として扱われる。

玄米貯蔵（げんまいちょぞう）
農家で一般的な貯蔵法。収穫後すぐに玄米にして低温貯蔵庫に入れて保存する。

PART 1

乾燥・モミすり・選別作業でトラブル続発！

機械は水平に置いて、キレイに掃除しなきゃ

福島●佐藤次幸さん、神奈川●今井虎太郎さん

トラブルに悩む
コタローくん
悩みに答える
サトちゃん
有機無農薬で田んぼ4.5haと畑1.5haを耕作し、米と野菜セットを宅配している。
作業受託を含めて田んぼ7.5ha。育苗から田んぼの準備、田植え、収穫まであらゆる作業の名人。とれた米のほとんどを米屋に出荷
サトちゃんとコタローくん（倉持正実撮影、以下表記のないものすべて）

コホコホコホ……

乾燥機から米袋にモミを排出するコタローくん。もうもうと立ちこめるホコリを吸って、どうやらセキが止まらないようだ。乾燥、モミすり、選別作業。今年もコタローくんを悩ます「事件」が、たくさん起こりそうな気配……。

名コンビが復活

「農機の事件」と聞いてだまっちゃいられないのが、お馴染みの機械作業名人、サトちゃんだ。コタローくんからのSOSを聞きつけ、はるばる福島から神奈川のコタローくん宅に7年ぶりにやってきた。

じつはお2人、かつて月刊誌『現代農業』の耕耘、田植え、イネ刈り作業のコラボ企画でコンビを組んだ間柄。サトちゃんがコタローくんの悩みに答えながら、農機メンテのノウハウを手取り足取り教えた模様は、本誌やDVD作品でバッチリ紹介してきた（左ページ上参照）。

当時は就農6年目、新婚ほやほやだったコタローくんも、今や小学1年生の息子をもつ立派な父親。農機メンテもお手のもの、といいたいところだが、相変わらず中古農機の収集は好きでも、掃除・メンテナンスとなるとからっきしなようで……。

秋になると鼻水が止まらない

サトちゃん（以下、サト）やあ、コタローくん、久しぶり。今回は収穫後の乾燥・モミすり・選別の機械メンテで悩みを抱えてるって聞いて来たんだけど。それにしても、スゴイじゃない、立派な倉庫を建てちゃって。

コタローくん（以下、コタ）じつはホコリがすごいんですよ。去年までは家の前で乾燥・調製作業をしてたんで

コタローくんが
新しく建てた倉庫

2人の楽しいやりとりを見ながら、農機メンテのポイントがわかるDVD。『サトちゃんの農機で得するメンテ術』全2巻1万6500円（税込・揃価）

すが、うちの周りも宅地化されて、サラリーマンの方が増えたんです。そんなところでホコリを出すのもよくないと思って、自宅から150mほど離れた場所に倉庫を建てたんです。それに、家の者も秋になると鼻水が止まらなくなるんです。今も私がそうなんですが（ジュルジュル……）

サト　え？　風邪ひいちゃったの？

コタ　いや、ホコリで……。

サト　作業場を移動してもホコリが出たんじゃ完全解決とはいかないよね。うまく集塵する方法を考えないと。で、他にも悩みはあるの？

コタ　乾燥機の火が点かないことがあったり、昇降機が回らなくなったり。

サト　へー、いっぱい事件が起きてるんだなー。

コタ　あと、モミすり機はですね、いつも玄米で出荷してるんですけど、「モミが残ってる」ってお客さんから苦情がくるんです。それをなくすために、モミすり機に2回通したりしてました。手間がかかるし、お米が割れたりもする。

サト　たしか、米の水分は17％だっていってたよね？

コタ　はい。うちはモミ貯蔵（現在は変更、86ページ）なんで、水分が高いほうがおいしいって誰かから聞いたんです。

サト　でも、それじゃあモミがパリッとむけないよ。水分が多すぎて脱ぷ（モミすり）率が下がっちゃう。15・5％まで落とすよう電話でいったけど、やってみた？

コタ　はい。だいぶよくなったんですが、まだちょっとモミが残ります。30kg袋にどの程度だったら、いいんですか？

サト　ゼロだよ、ゼロ。一等米の規格はモミで0・3％。1000粒中3粒までは許される。でも、お客さんに直接販売するならゼロでないと苦情がくるよ。モミすりのあとに、色選（色彩選別機）もかけてるんでしょ？

コタ　はい。でも、うちの色選がどうも……。最初はよく弾いてると思ったんですけど、最近はちゃんと抜けてるのかよくわからなくなってきました。

サト　コタローくんの機械作業は相変わらずの事件続きか……。こりゃ、捜査のしがいがありそうだ。まずは、いつものやり方を一通り見せてよ。

コタローくんの乾燥・調製作業を見る

お手並み拝見！

乾燥機からモミの排出

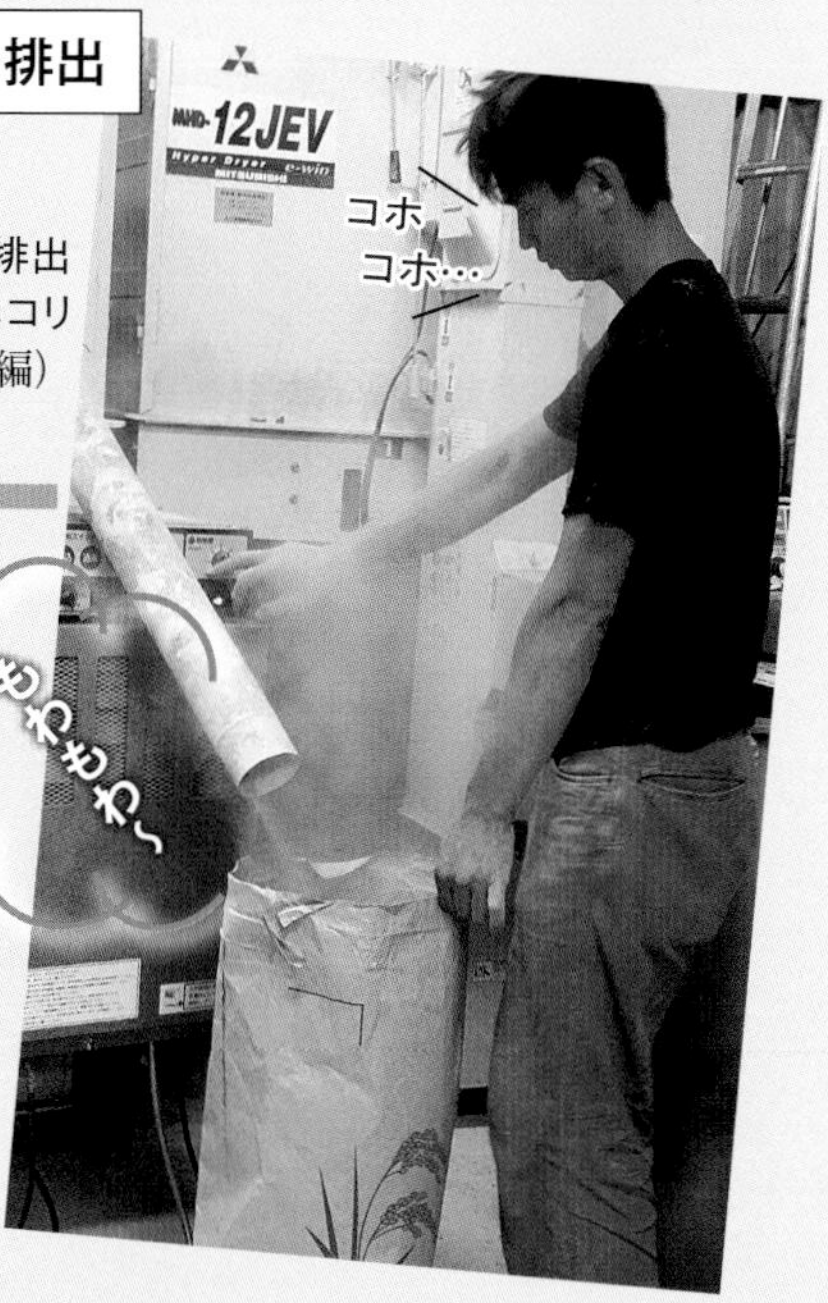

乾燥後のモミを排出するのだが、ホコリがスゴイ……（編）

コタローくんは冬のあいだ常温モミ貯蔵。モミを入れた袋をいったん倉庫の脇に積み、その都度モミすり用に出してくる

倉庫前の仮設小屋でモミすり

倉庫前の仮設小屋でモミすり。注文に応じて週に2回ほど小型のインペラ式モミすり機で脱ぷ。万石《まんごく》方式でふるい落とした玄米は隣にあるグレーダーでも選別される

モミすり・グレーダー選別された玄米。胚芽がとれて白く見えるのも多い

小麦も混ざってるよー。コンバインとか乾燥機の掃除してないでしょ！

はい、小麦も乾燥機にかけたからシーズン初めは混じっても仕方ないかな、と思って……。えへへ

**コタローくんの
自宅と倉庫の位置**

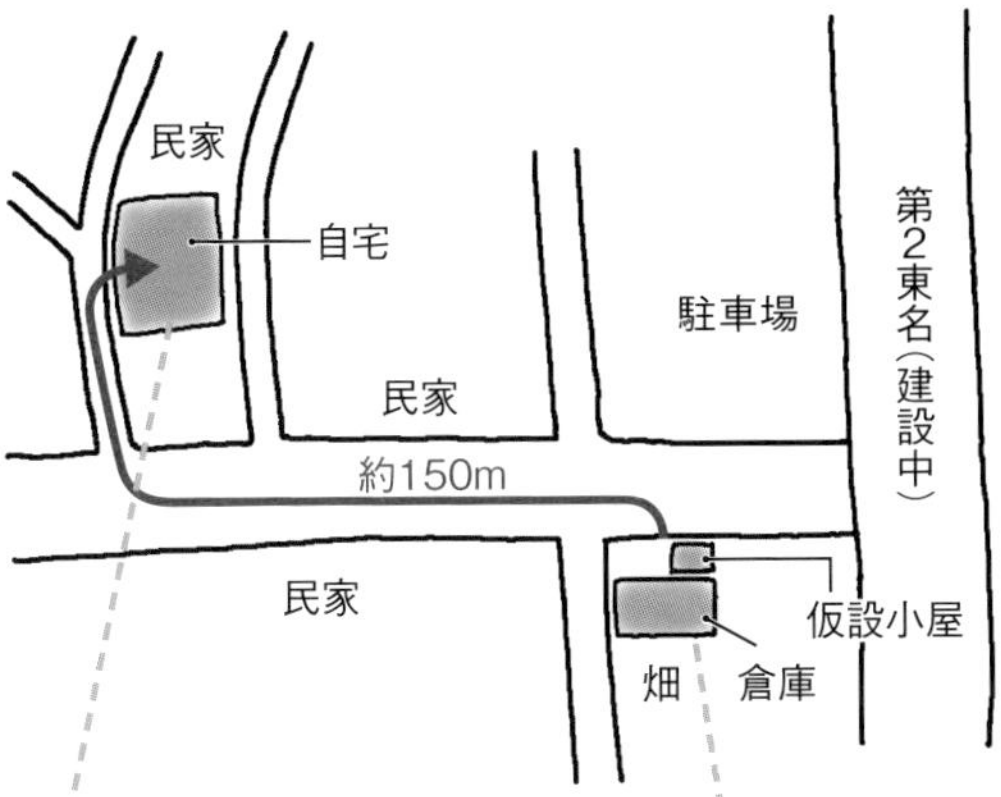

自宅に到着。小型色彩選別機にかけて出荷
（注文によっては分づき精米もする）

自宅に運んで色選にかける

モミすりを終えた玄米をなぜか軽トラに積んで自宅に運ぶコタローくん。色選は時間がかかるので、自宅脇でやるのだとか

効率悪いなー。色選の処理能力が低いから、モミすり機に直結できないんだろうけど、作業の動線がまったく考えられてないよね

60kg処理するのに1時間くらいかかります……

色選で弾かれた不良品。小麦、斑点米、モミもある。ちゃんと弾かれているようにも見えるが、整粒も混ざっているのをコタローくんは気にしている

5チャンネルの
小型色彩選別機

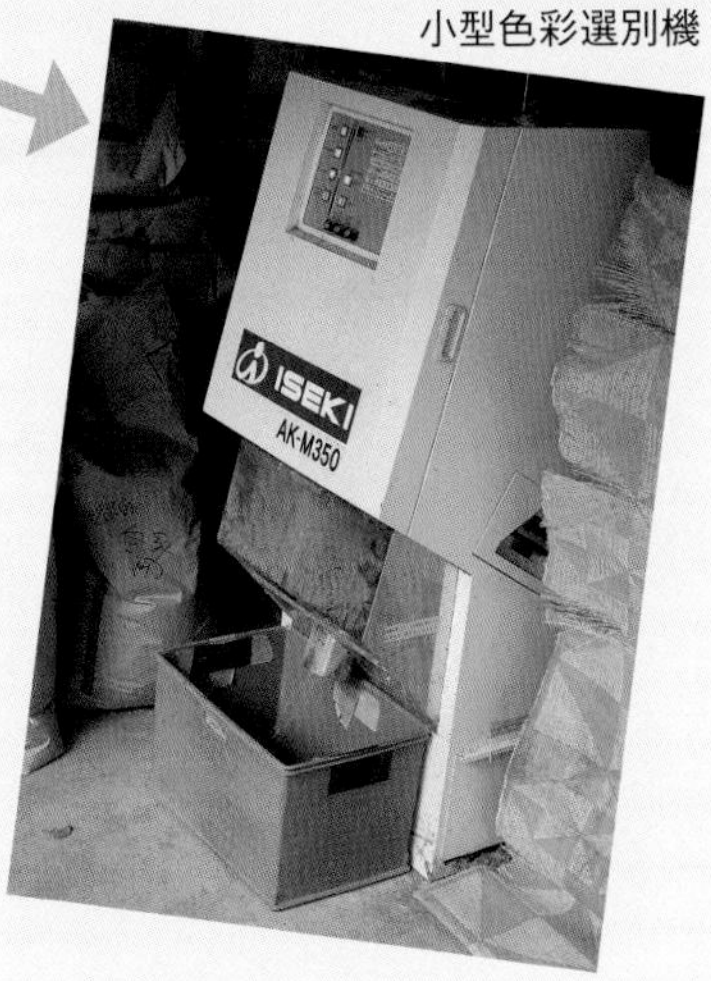

機械の基本は水平に置くこと、そして掃除

一通り見ての問題点をサトちゃんに指摘してもらった。

掃除して新品の状態に戻す

サト　問題点？　まー全部だな。時間が足りねーから作業の動線のことはおいとくとしても、そもそも機械の設置条件が悪い。適当な場所に置いてるから、どの機械も水平がとれていないよね。機械は水平に置いて、地面と直角に立ってなければ、本来の機能を発揮できない。きほんのきだよ。それと、掃除がぜんぜんされてない。乾燥機に小麦が混じってちゃダメじゃん。ワラクズとかのゴミ、ホコリもとんないの？

コタ　次の米を乾燥機にかけたら、まただどうせ入るだろうと……。

サト　あちゃちゃッ。じゃあ、お風呂も3、4日そのままにして入ればいいじゃん。でも、風呂は毎日新しい水に換えるんでしょう？

コタ　はい……。でも、まあ、こっちは米だから。えへへ。

サト　あちゃー。コタローくん、その解釈、イチから変えなきゃなんねーよ。オレの考えでは、掃除は新品の状態に戻してなんぼ。ゴミが溜まると梅雨時に湿気を吸ってサビの原因になるから。ゴミを放っておくと、モミが送られるラセンとか昇降機のカドで詰まる。詰まった場所ではモミがいやいや押し出されるから、負荷がかかる。結局、モミ搬送部の一番弱い部分が切れたり、折れたり、削れたりしていくんだよ。この乾燥機、点検・整備して使えば100年は使えるよ。でも、このままだと10年ももたないよー。

まずはホームセンターに行って新品のバキューム掃除機とハケを買ってこよう。それ使って、さっそく掃除とメンテナンスにとりかかろうよ。こりゃ、大仕事になるぞー。

床や機械内部の掃除にはバキューム掃除機が必須。ホウキでは、ホコリが舞ってまた乾燥機に吸わせてしまう

乾燥機の事件編

サトちゃんが解決

乾燥機からホコリが出まくる事件

掃除の基本は上から下へ。まず、乾燥機の上に登って……。

乾燥機の中に
潜入するよ

6年前にもらったコタローくんの乾燥機。それ以前は3年使って放置されていたという

記事を読み進めるために知っておきたい
乾燥機の基本構造

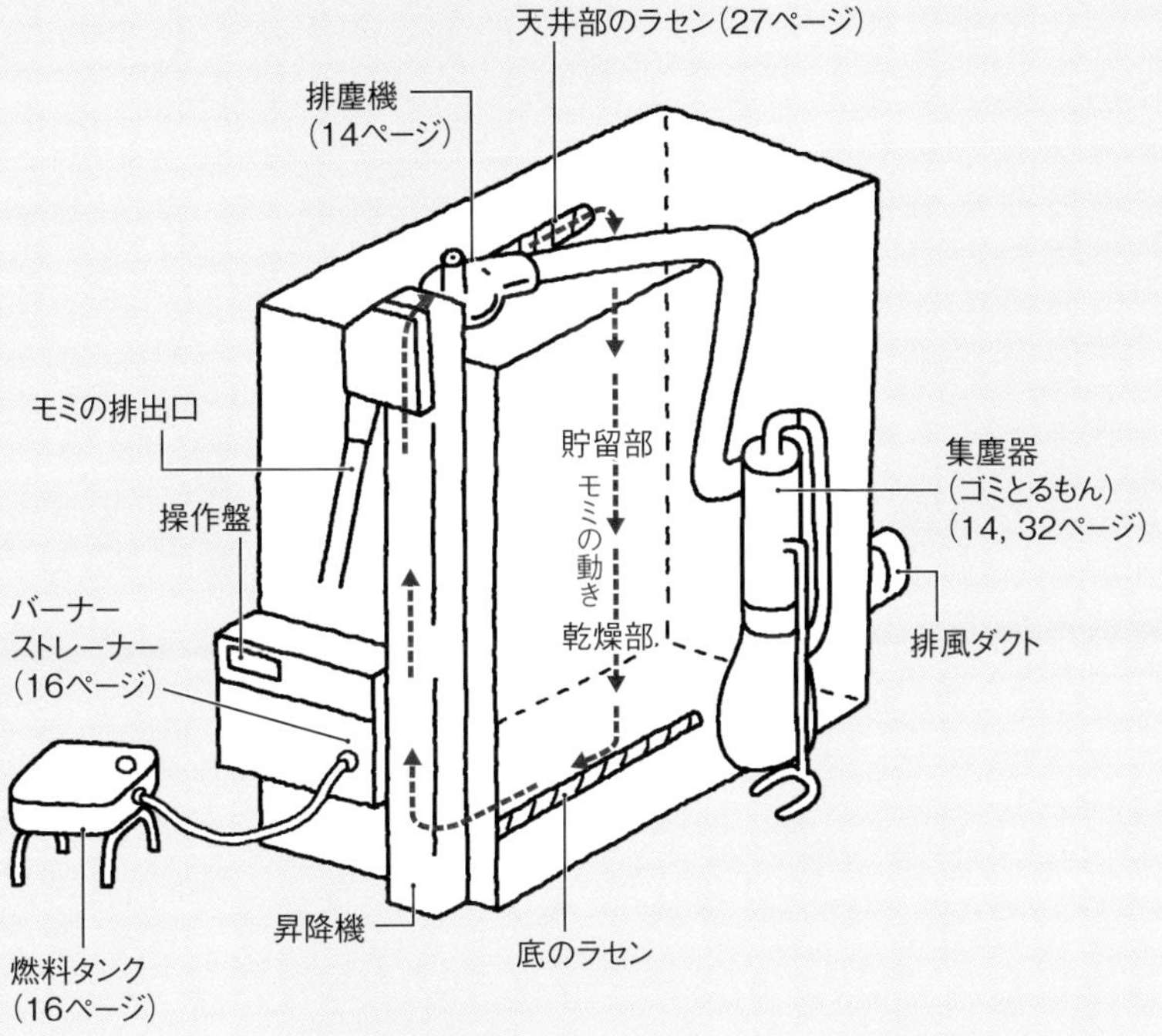

モミの動き

投入されたモミは、底のラセン、昇降機、天井部のラセンを通って、貯留部に溜まり、順次乾燥部に送られる。満タンにすると約１時間で１回りする

お、さっそく
犯人お出ましだー

排塵機をひっくり返したところ。ファンやモーターもハケでキレイに掃除する

乾燥機の上に登って排塵機を取りはずしてチェック

排塵機の土台部分。シャッターが半開きでゴミも挟まっている。以前はサビた部分全面にゴミが詰まってたはず、とサトちゃん

乾燥機の掃除が一通り終わった時点で、昨年購入した集塵器（ゴミとるもん）を設置。サイクロン方式でゴミと空気が遠心分離される。今回、排塵機を掃除してシャッターを全開にしたので、以前よりたくさんゴミがとれるはず。その結果は、18ページ

サト　ホコリが問題だから、まず排塵機をチェックするよ。お、さっそく犯人お出ましだー。これ、見て。入り口のシャッターが狭くなってるでしょ。排出にブレーキがかかってる。ここにゴミも溜まってる。ここから吸引してるけど、穴が小さくて風が吸えない、ゴミが出にくくなってるってことよ。

コタ　じつは1年前に、そこから何もゴミが出なくなって掃除したら、完全に詰まってました。

サト　だから、掃除はちゃんとやらないと！

コタ　それにしても、なんでここに排塵機が付いてるんですか？

サト　じつは昔の乾燥機は下にある排風ダクトだけで、ここの排塵機はなかったのよ。でも、下の排風ダクトからゴミやホコリが出過ぎるから、ここで細かいのをとって、下から出るのを減らすために後付けされたの。コタローくんの場合、こっちの排塵機から出たゴミを集めるサイクロン式の集塵器は持ってるでしょ。だから、こっからたくさんゴミを出して、逆に下の排風ダクトからのゴミは少なくしたほうが、ホコリは減るってことよ。

いざ、乾燥機に潜入

サビが回って穴があいてた事件

乾燥機の天井から中に入って貯留部の状態を見る。

「サビはまず紙ヤスリで擦って番号（目の粗さ）を決めてから、グラインダーで落とそう」（Y）

ライトを消すとお星様がいくつも……（依田賢吾撮影、以下Y）

乾燥機の中に入ってサビを点検。中はジャングルジム構造になっている

サト　ありゃりゃ……、これはヤバイぞ！　ちょっとライトを消してみて。ほら、あそこ、お星様が見えるじゃん。穴がいっぱいあいてるよー、何十カ所も。中はサビだらけ。

コタ　あ、穴はどうすればいいんですか？（汗）

サト　サビを落として、サビ止めを塗ってから仕上げ塗装をする。それでスギ板を張ってビス留めしてカバーしたほうがいい。

コタ　ほぼ全面サビ落としですか。かなり大変……。冬場の仕事ですね。

サト　モミが当たって塗装が剥げたところにゴミが付着するでしょ。それが湿気を吸って結露して、サビる。だから、シーズン終了後に掃除して、上と下を開けて換気しておく。今はまだ使える状態だから、ステージ1の症状。でも、ここで延命治療しないとステージ2、3って行っちゃうよー。

サトちゃんが解決

乾燥機の火がうまく点かない事件

乾燥機正面の燃料ルートをチェック。

コタ　点火しても火が安定しないことがあるんです。ボーっと音が出て1分もしないうちに止まって、ピーピーッて鳴るんです。

サト　考えてみればわかるべ、燃料があるときは燃えっけど、ないときは燃えない。燃料ルートを探ってゴミ詰まりやエアーを取り除こうよ。

乾燥機のメンテナンスを終えた翌日、さっそくイネ刈りに

燃料タンクのホースを抜いて、灯油が出る勢いを確認し、タンクに詰まりがないかをチェック。このくらい出ればOK

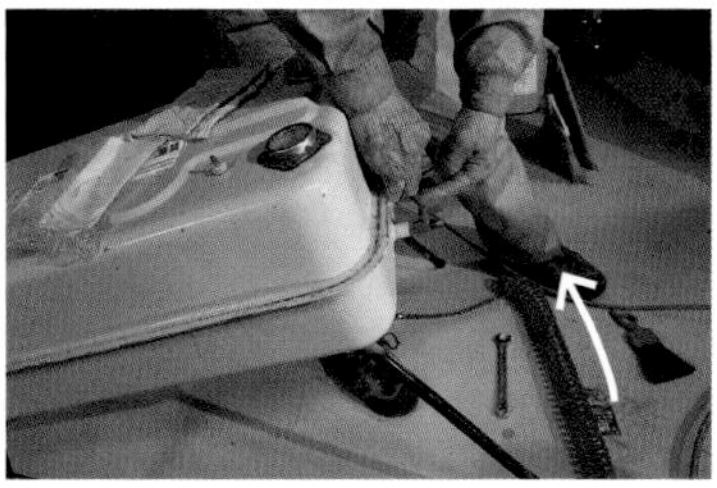
詰まりがあるときの応急処置。コックを開けたままタンクを傾けてコックから空気を入れる。コック部分の燃料がゴミと一緒に押し戻される

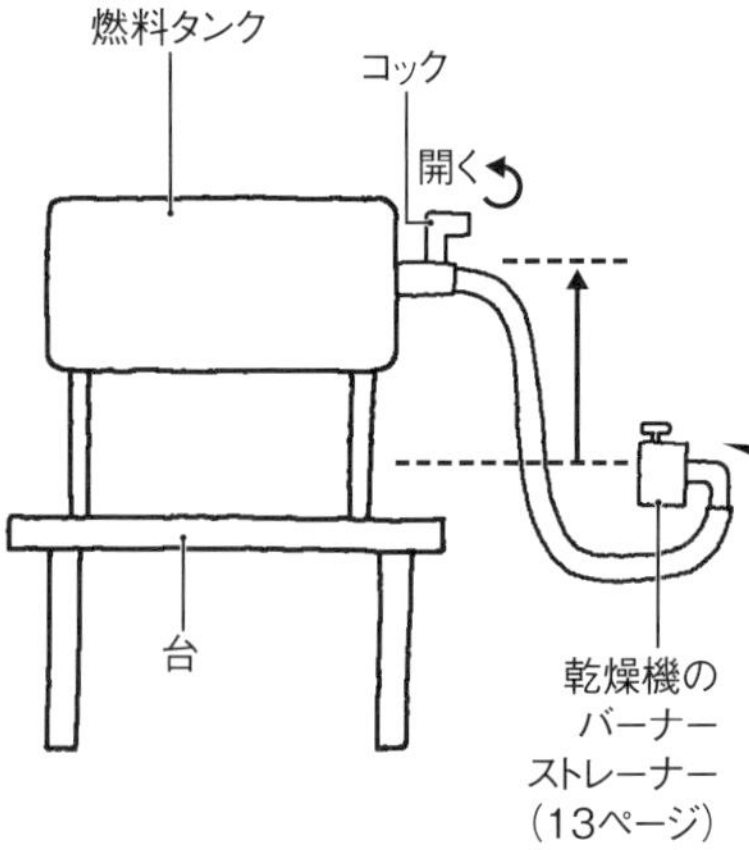

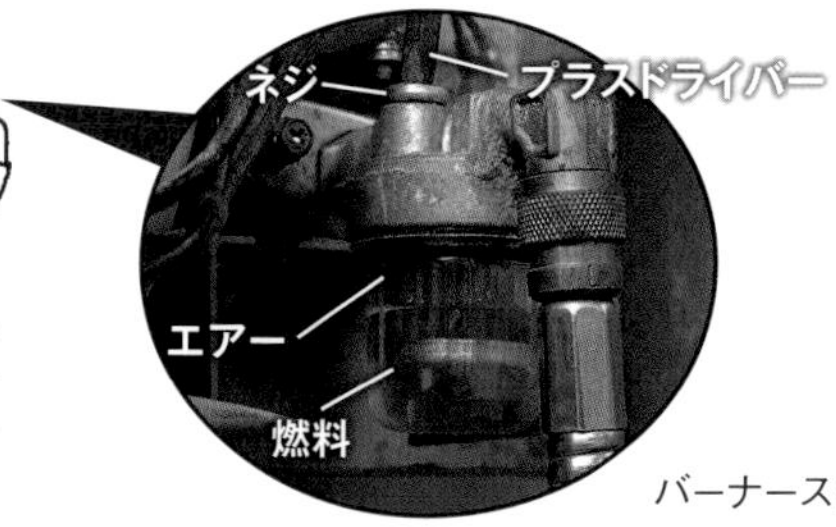

バーナーストレーナー（Y）

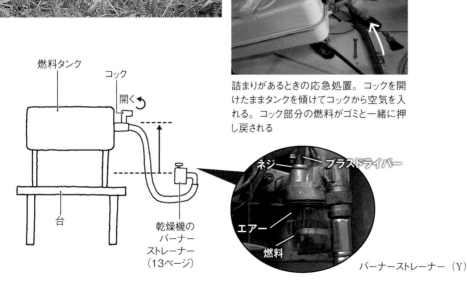

サトちゃんが解決

乾燥機が水平に設置されていない問題

でっかい乾燥機の傾きを修正するには？

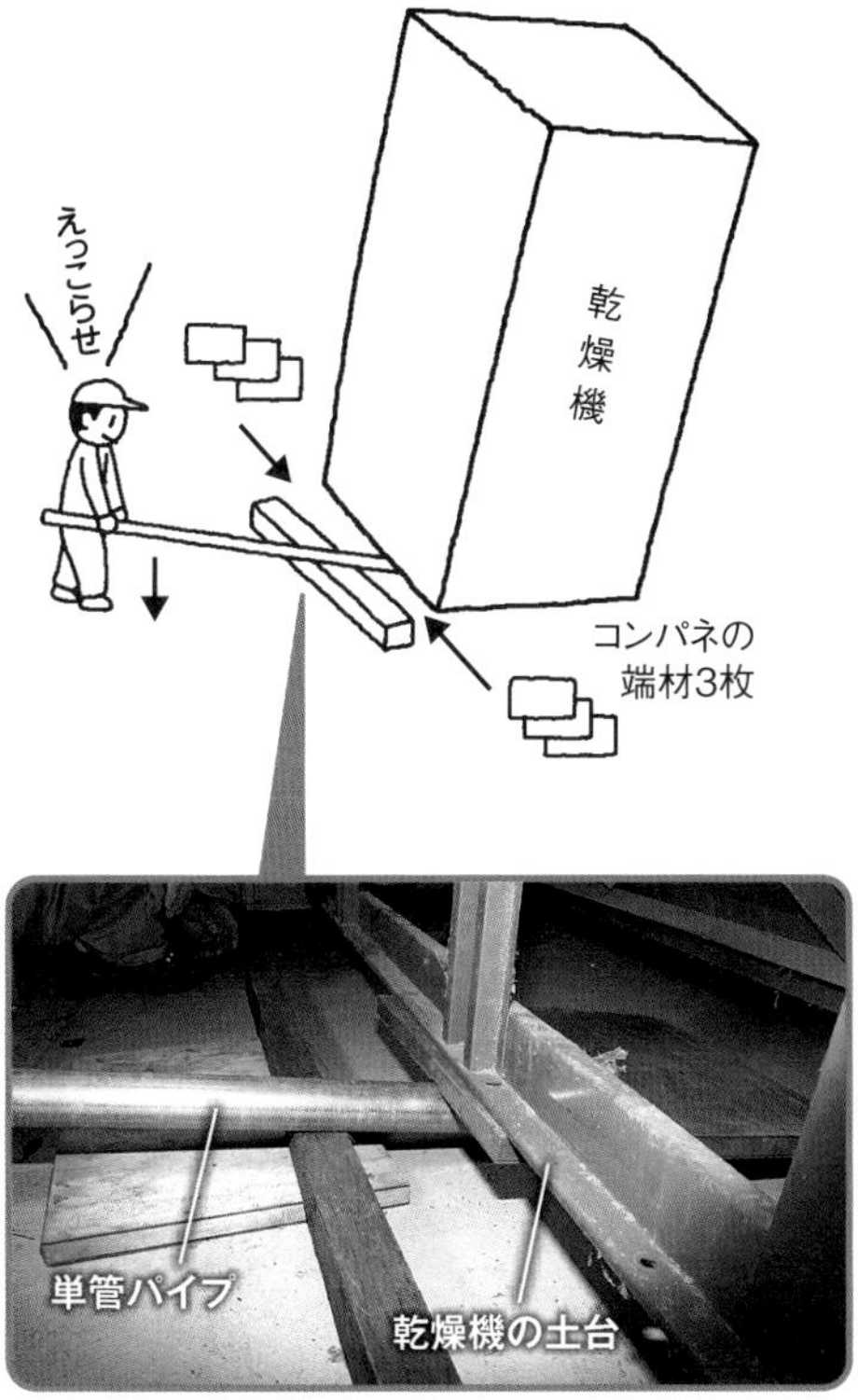

てこの原理で乾燥機を持ち上げて、コンパネの端材3枚（厚さ9㎜×3）を挟んだ（Y）

サト　夜中までかかってやっと掃除が終わったけど、この状態では使えないよ。地面で2cm以上傾いてるじゃん。これだと片側にモミが偏って溜まって乾燥ムラの原因になる。それに、斜めに立ってると昇降機のベルトもずれてくる。そのうちベルトが減って故障の原因になるよ。人間も背骨がゆがむと体の調子が悪くなるでしょ。故障の根本原因を取り除こう。てこの原理で本体を真っ直ぐ立ててみよう。

エアー抜きの仕方

乾燥機側のバーナーストレーナーにエアー（空気）が入ると、バーナーが点火しにくくなるので、エアー抜きをする。

①燃料タンクのコックの位置を、乾燥機のバーナーストレーナーの位置より高くする
②バーナーストレーナーのネジをプラスドライバーで少し緩めておく
③燃料タンクのコックを開くと、2、3秒でストレーナーの上に燃料が上がって緩めたネジからあふれる（エアーが抜ける）
④ネジを締めれば、エアー抜き完了

＊実際に点火してみた結果は18ページ

サトちゃんからの提案

乾燥後の風乾でホコリはもっと出なくなる

ホコリを減らすには、乾燥機の使い方にもコツがある。

サト　コタローくん、午前のイネ刈りご苦労様。張り込み（モミ投入）を終えたら、さっそく乾燥機を点火してみよう。

コタ　では、燃料コックを開いて、乾燥ボタンを押しますね。

（ゴォーッ……）

サト　バーナーの音に若干波があるけど、音の変化はあまりないね。火が安定してる証拠。異常をきたすとボンボン・バンバンって音がすっから。

コタ　こんなにすんなり点火できるなんて、ビックリです！

サト　あと、脱ぷ効率を上げるとっておきの方法も教えるよ。「風乾」っていうんだけど、乾燥終了後に乾燥機内で1時間くらい送風して循環させるの。これだけで穀温が下がるし、モミについてるノゲ（表面の細かい毛）や枝梗がパキッと折れてキレイな状態になる。たったそれだけでたまげるくらいモミすりの効率がよくなっから！

風乾すると
ノゲや枝梗がとれる

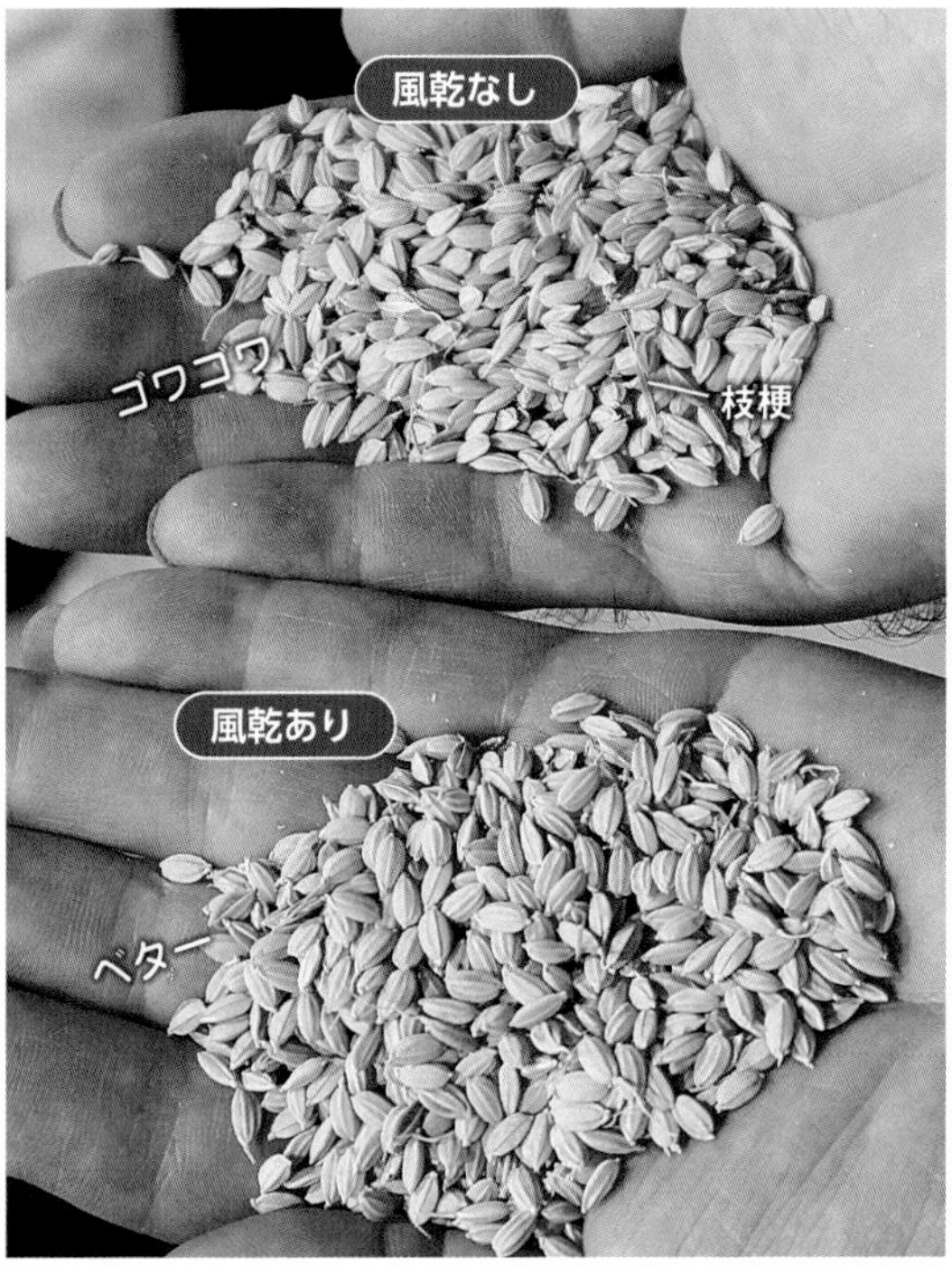

風乾なしだと、ノゲや枝梗がたくさんついてゴワゴワしてモミが立っている。風乾ありはモミが落ち着いてベタっと寝ている感じ

掃除・メンテ・
風乾の効果！

乾燥させるモミの量は
同じ15a分でも、
ゴミとるもん（14ページ）の
集塵量が倍近くになった（編）

モミすり機の事件編

バラせばわかる
モミすりしてもモミがたくさん残っちゃう原因

機械を上から下から徹底掃除！

コタローくんの設置した
モミすり機・グレーダー

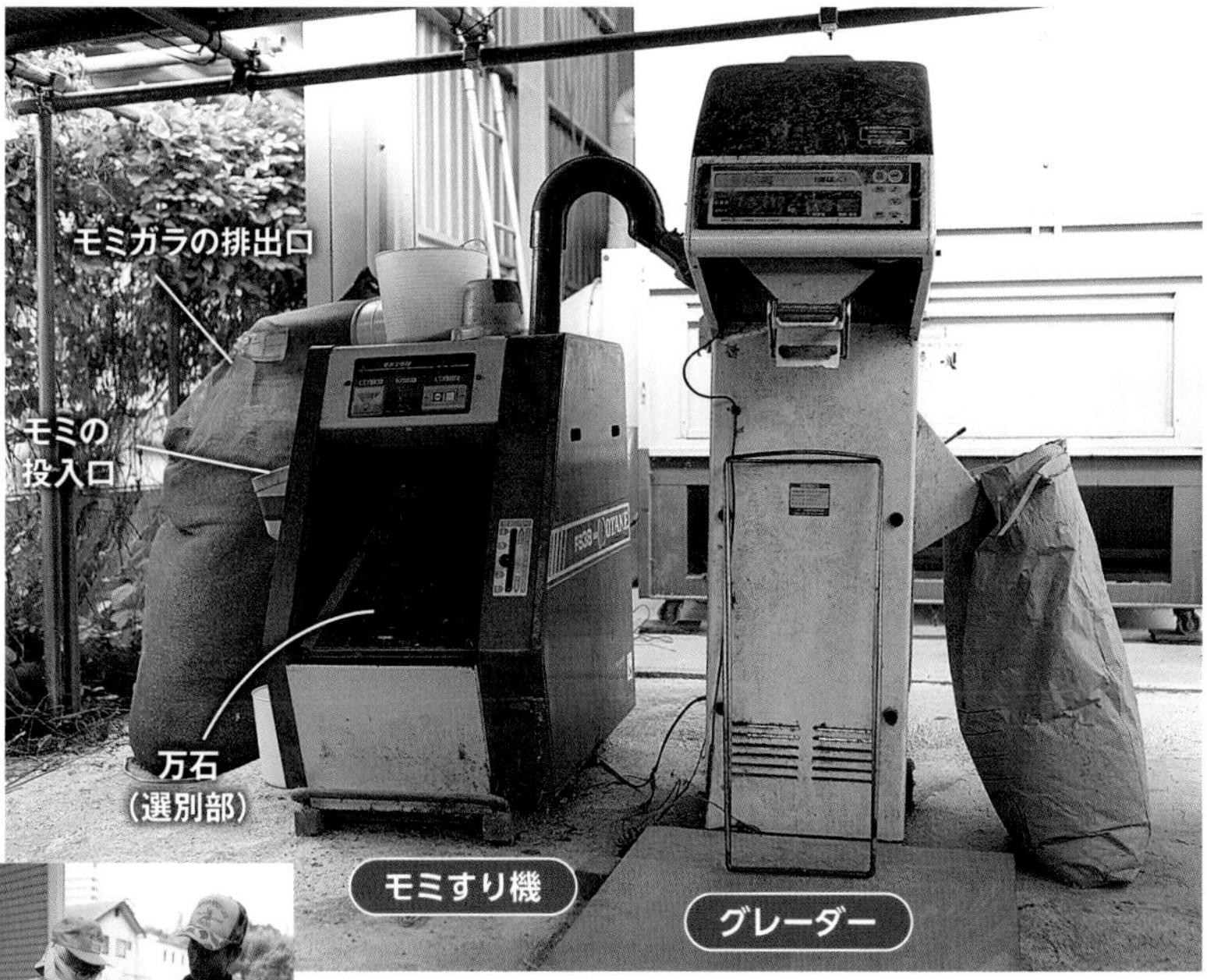

小型のインペラ式モミすり機とグレーダーを仮設小屋の中に置いて作業しているが……

とにかく掃除。ハケやホウキでゴミを落とし、バキュームで吸い込む。コンプレッサーで奥のホコリも吹き飛ばしていった

サト　コタローくんはなんで、倉庫前の仮設小屋でモミすりしてるの？

コタ　ホコリがすごいから、なるべく外にホコリを逃がしたくて……。

サト　でも、ここだと屋根はあるけど壁がない。風が吹いて雨が降ると機械が傷みやすいし、作業もできなくなるよね。それに、モミガラの排出口と、モミの投入口が近すぎて、作業中の粉塵がスゴイでしょ。だから、機械を倉庫内に移してモミガラを排出する場所との距離もとったほうがいいと思う。他に悩みは？

コタ　モミガラが1回でキレイにむけずに、玄米にモミが混ざるんです。

サト　そうだったね。原因を知りたきゃ、こいつもまずは掃除して新品の状態に戻す。詰まりがないか、万石《まんごく》やインペラがちゃんと機能しているかを、分解しながら見ていこう。

サト　コタローくん、こりゃヒドイ状

万石の選別能力を上げる

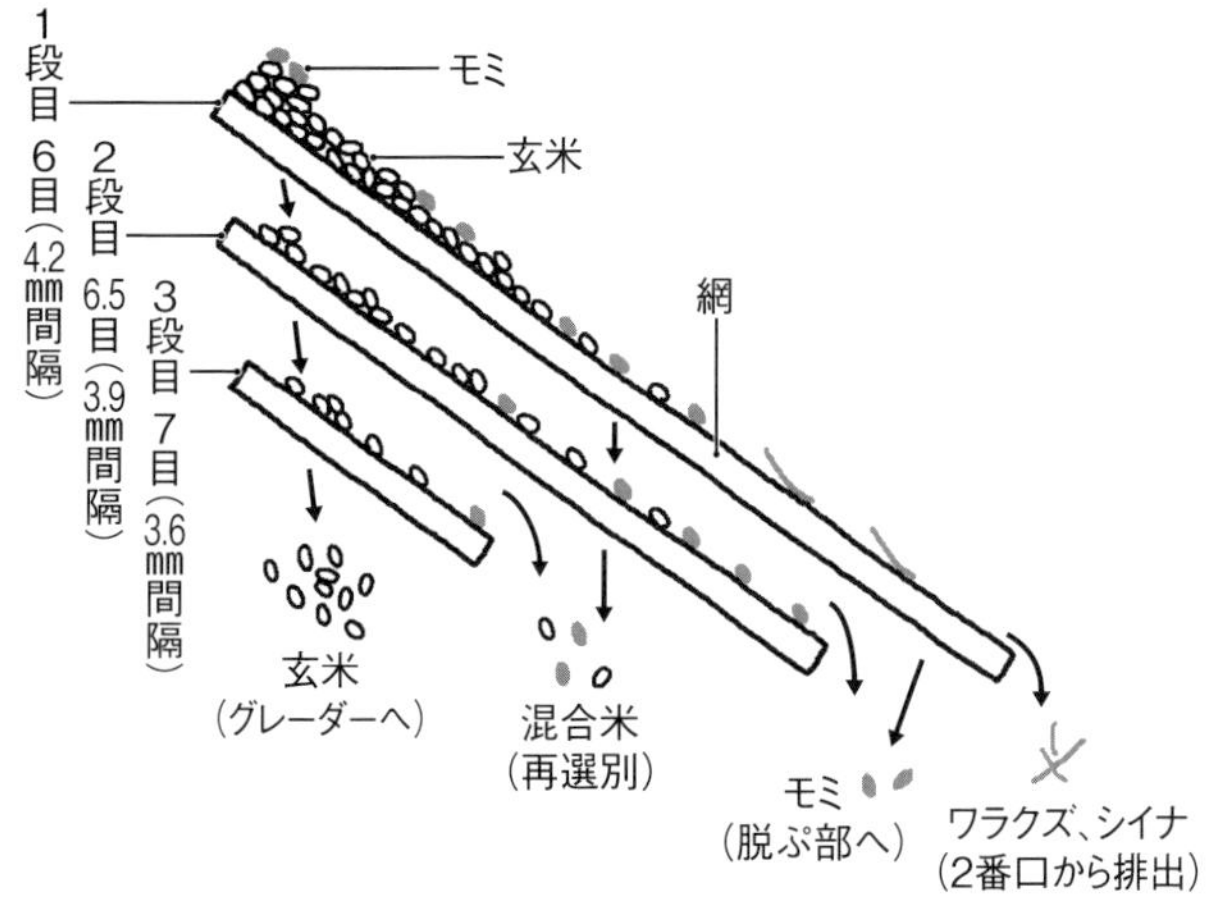

玄米とモミを万石の上にすべらせながら、重力でふるい分けする。比重の重い玄米が下に、比重が軽くて表面積の大きなモミは上に上がるので、玄米が先に網下に落ちる

銅線の網が錆びていたので、紙ヤスリや濡れ布巾で根気よく擦ってピカピカにした

ゴム板の位置を入れ替える

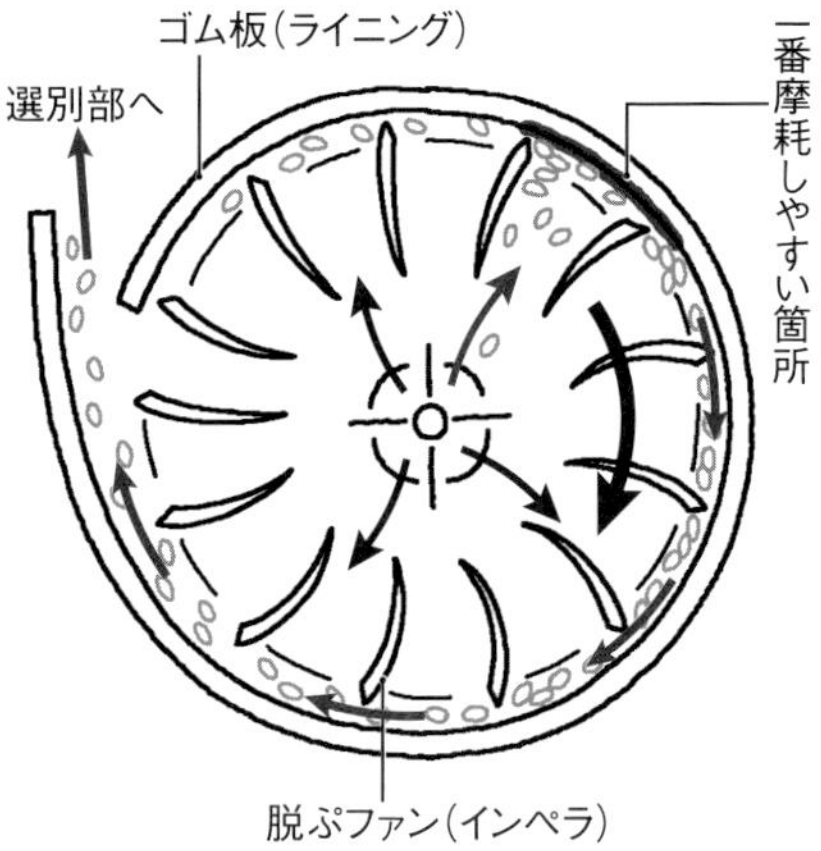

モミは脱ぷファンとゴム板の隙間を通って擦られながら脱ぷされ、選別部へ運ばれる

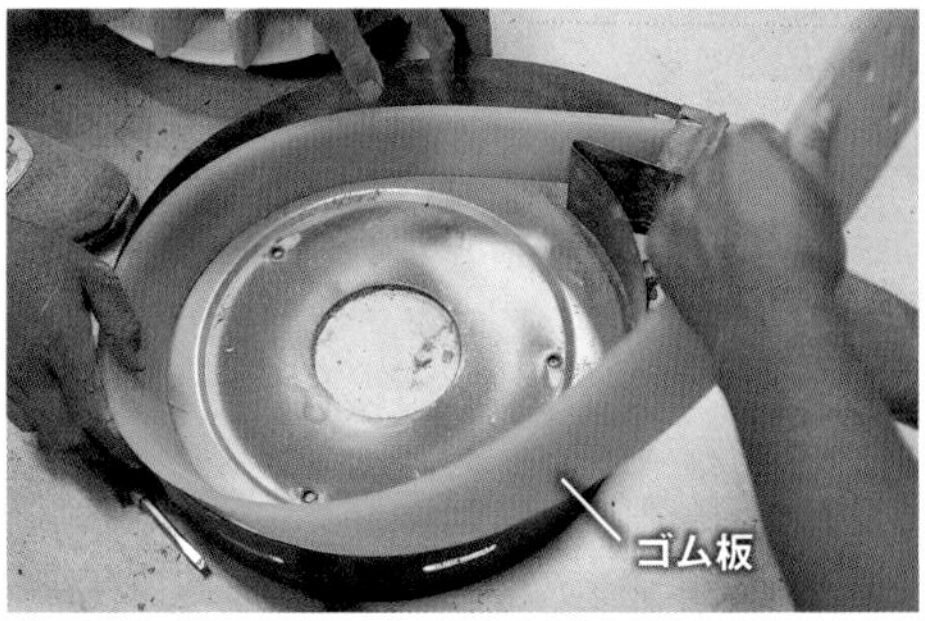

摩耗した箇所と反対側のキレイな箇所を入れ替えると、新品同様になる

態だよ。よくこれで10年間も使ってたねー。10年ぶりの耳掃除みたい。あとから、あとからゴミとホコリが出てくるよ。

コタ 掃除は、どこかが詰まったときにやる程度だったんで……。

サト ここがこのモミすり機の心臓部だよ。モミはインペラ（脱ぷファン）の中心から入ってきて周りに吹き飛ばされる。それでこのゴム板（ライニング）にぶつかってスキマを回りながら擦れることでモミガラがむける。ゴム板をはずしたら、表面を触ってみてごらん。

コタ この辺が擦り減っちゃってます。

サト モミがうまくむけない原因はそこだよ、きっと。ゴム板を交換したことはないの？

コタ 3回あります。ゴム板が破れると、近くの穴からモミが外にこぼれてくるんですよ。

サト じゃあ、破れる前にゴム板の位置をローテーションして入れ替えればいいじゃん。擦り減ってないほうを負荷のかかる場所にもってくる。それだけで新品同様、ゴム板の寿命も倍になっから。

いざ、試運転

モミすり中でもホコリが出ない、脱ぷ率は格段に上がった！

なんと道路に向かってモミガラを出すようアドバイスするサトちゃん。

グレーダーもピカピカに掃除した

床が平らな倉庫の奥に機械を設置。7mの排風ダクトをとりつけ、モミガラを外に逃がす作戦

水平も調節。準備はバッチリ！

以前の選別

水平がとれず傾いていたので、米が均一に流れない。左側への傾きを調節レバーで強制的に右側に寄せていた

メンテ後の選別

各所のゴミ詰まりを掃除し、機械を水平に設置。網のスベリもよくなったので、米が均一に流れている（Y）

グレーダーから出てきた玄米もキレイ

サト　じゃあ、いよいよモミすり機とグレーダーを設置して、試運転してみよう。できるだけ床が平らな場所に置いて、外に向かってダクトを引っ張るのがいいと思う。

コタ　万石を通る米にモミがほとんど混じってない。玄米ばっかりですね。

サト　インペラのゴム板をローテーションで入れ替えたでしょ。それで脱ぷ率が格段に上がったせいだよ。２番口も見てごらん。

コタ　前は米も混じってたのに、ワラクズとシイナばっかりになりました。

サト　万石の網を磨いてスベリをよくした甲斐があったじゃん。選別もバッチリ、努力は報われる。外のホコリはどう？

コタ　信じられないくらい少ないです。歩道に排風口を向けるなんて考えられなかったですよ。ホコリが出て問題になるんじゃないかと思ったんですが、これなら歩行者も気づかないですね。

サト　モミガラは軽いけど空気より重いでしょ。だから距離を稼げばゆっくりと落っこちる。粉塵も一緒、出口に着いたころには勢いが弱まって落ちてくから、ホコリが出ないんだ。

色彩選別機の事件編

疑う前にまず掃除!

機械の性能が悪くて、うまく弾けない?

色選の機能と掃除のポイントは?

コタ　この色選、最初はうまく弾いてたんですが、今はモミが残ってたり、逆に整粒を弾いたりして、ホントに機能してるのかな?

サト　まぁ、原因は機械の性能というより使い方にあるって想像できっけど、とりあえず掃除しながら機能を見ていこう。まず、米がすべり落ちるレール。5列並んでるでしょ。ここにヌカがついちゃうから取り除く。

コタ　じゃあ、これ使いますか?

サト　ダメだよ、ワイヤーブラシなんか持ってきたら! 傷がついて逆にヌカが溜まっちゃうよ。メーカーの金子農機さんのおすすめは、割り箸。傷つかないし、ヌカもキレイに落とせるでしょ。あれ、しかしここだけは結構キレイだなー。

コタ　ちょっと前に調子が悪くなってそこだけ掃除したんです。ゴミが詰まって一番右のレールに流れる米が全部不良品に入ってたんです。

サト　なんだ、悪いのは機械のせいじゃないって、わかってるじゃん。精密な機械なんだから、ゴミが付いても精度が狂うし、前後左右の水平がとれてないだけでも、別の米を弾いちゃったりするんだよー。

コタ　そうなんですね……。

機械の上から米を投入すると、黄色のボックスが振動して米を5本のレールに送り込む。レールは割り箸で掃除する(編)

色選の正面のトビラを開けて機能を確認(編)

本体を後ろから見る。土台が一部サビている(矢印)ので、キャスター付きの台に載せて地面からの湿気を防ぐことにした。側面に選別室の窓が見える(編)

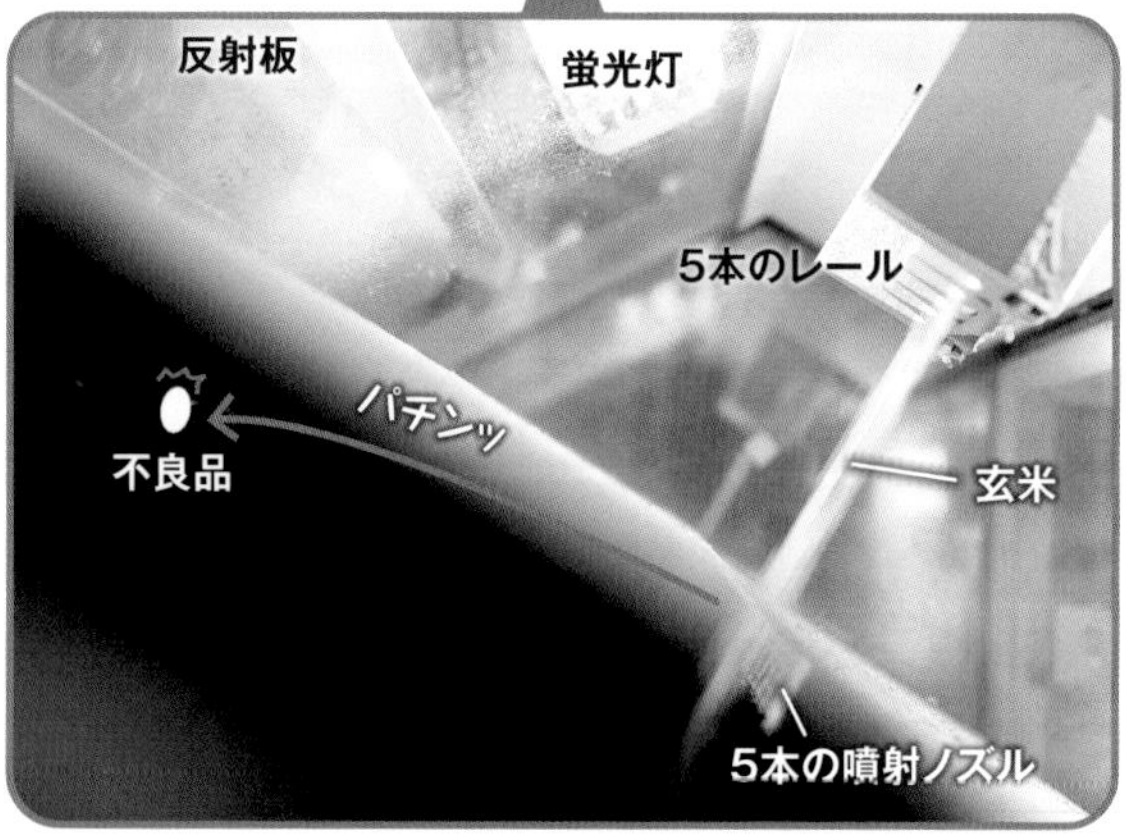

選別室内のようす。操作パネルに表示されるシグナルを見ながら、ダイヤルを回して反射板の角度を調整。選別室内の明るさを玄米や白米の色にその都度合わせる。それ以外の色の米はセンサーが異物と認識し、ノズルからエアーを噴射して除去。部屋のガラスにホコリが付いているので、このあと固く絞った濡れ布巾でていねいに拭き取って乾拭きした

PART 2
乾燥名人になる

サトちゃん、乾燥機に潜入！
構造を知れば、掃除もメンテもうまくなる

福島●佐藤次幸さん

乾燥機内を覗き込むサトちゃん（依田賢吾撮影、以下も）

耕作くん
Uターンで会津に帰って、かれこれ10年。サトちゃんに教わって稲作作業にはすっかり詳しくなったが、まだまだ勉強途中

月刊誌『現代農業』のかつての連載「サトちゃんと耕作くんの稲作作業『運命の分かれ道』」の名コンビが復活!? イネ刈りシーズン前に、とってもスリリングな作業をすると聞いて、耕作くんが久しぶりにサトちゃん宅を訪れた。

もう最高、モミになった気分

うわー、スゴイ、ほんとにジャングルジムだ！

「だから言ったでしょ。乾燥機の構造を知るには、中に入って見るのが一番だって。もう最高、モミになった気持ちでしょ？」

うんうん、モミになって、完全に童心に帰っちゃったよ。この広さなら大人が3、4人入っても、ぜんぜん平気だね。

「そりゃ、ここは56石のモミが入る貯

サトちゃんちの乾燥機

金子農機の56石乾燥機。一般仕様ではなく、強度の高いライスセンター仕様。値段は2割ほど高いが寿命は倍。2階建ての小屋に設置。上部のメンテナンスがしやすいし、将来規模拡大したときに乾燥機を追加するのではなく、80石へと増設して対応できるよう、屋根の高い2階建てにした（結局、増設はしていない）

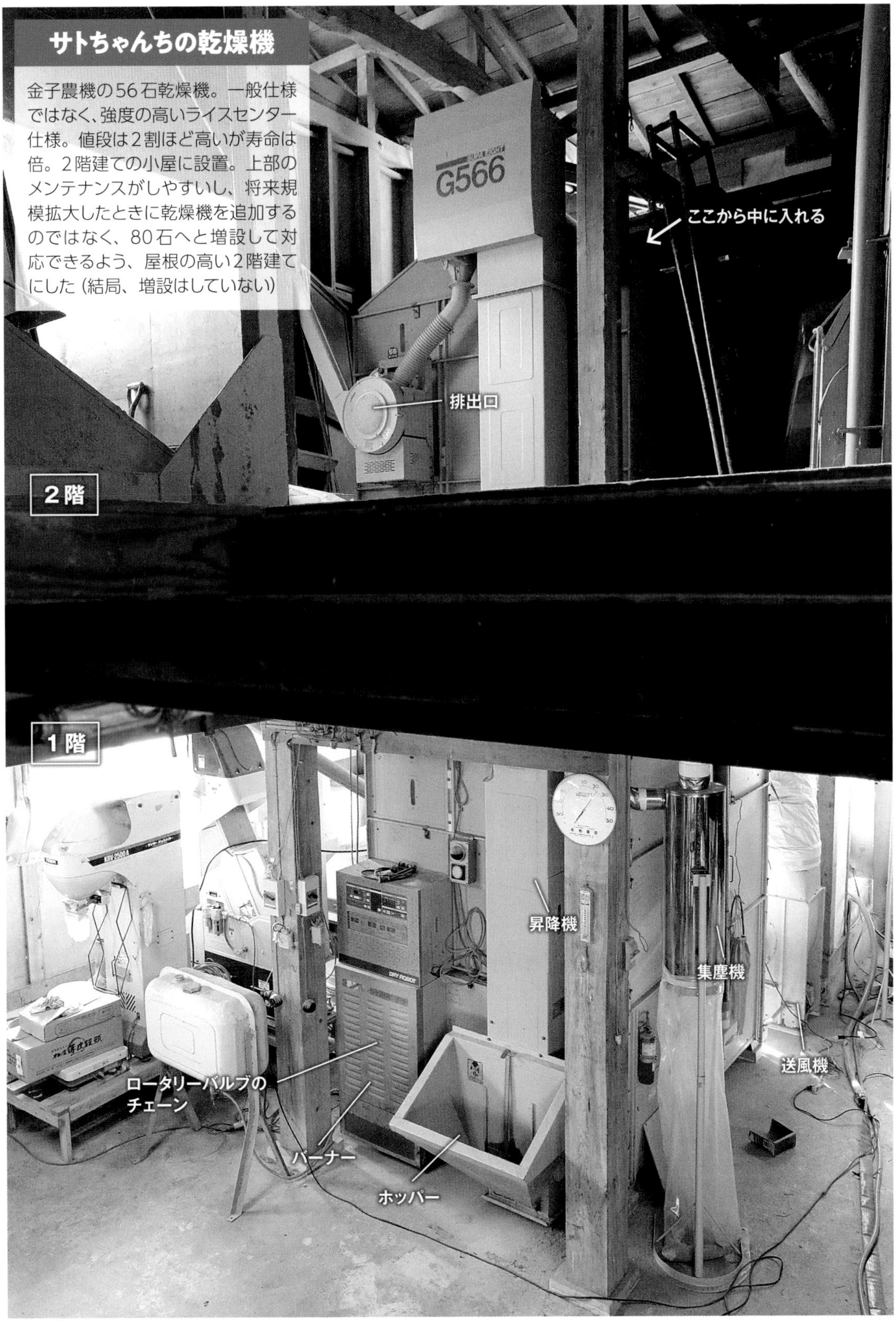

モミが乾燥するしくみと乾燥機の基本構造（側面から見た図）

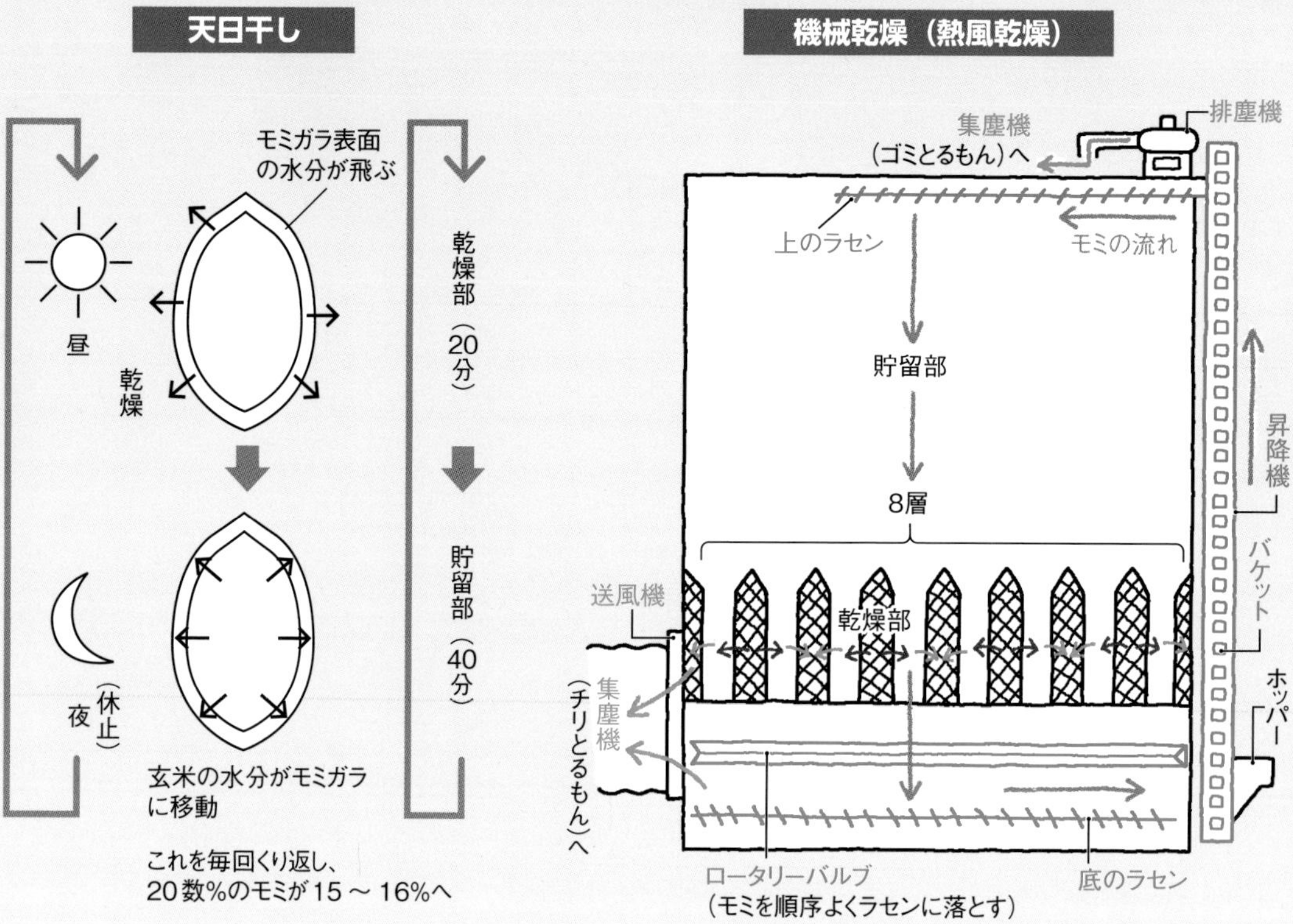

モミが1時間に1回、貯留部と乾燥部を通過することで
乾燥と休止をくり返す

留部だからね。モミが満タンに入っても建物が壊れないよう、ジャングルジム構造でフレームを強化してるんだ。上を見てごらん。昇降機で登ってきたモミを横移動させるラセンも見えるよ」

あ、ホントだ。上のラセンを通って、モミが貯留部に落ちてくるんだよね。で、底にもラセンがあって、また昇降機へと送られる。そーやってモミがぐるぐる回っていくわけか。

20分熱が当たり、40分お休み

「そう。天日干しのモミは昼間、太陽の光に当たって乾燥して、夜の間にモミの中の水分が内側から外側に向かって移動して一定になる。これを少しずつくり返して、水分二十数パーセントのモミが15、6％に近づいてくる。乾燥機も原理は同じだよ。

モミが1時間かかって乾燥機の中を回るうち、乾燥部で熱が当たるのは20分くらい。残り40分の間は、貯留部でお休みしてるんだ。この貯留部までは熱風は来ない。ここでは夜を体験してるようなものだね」

えっ？　それじゃあ、どこで昼を体

8層の乾燥部を上から見た

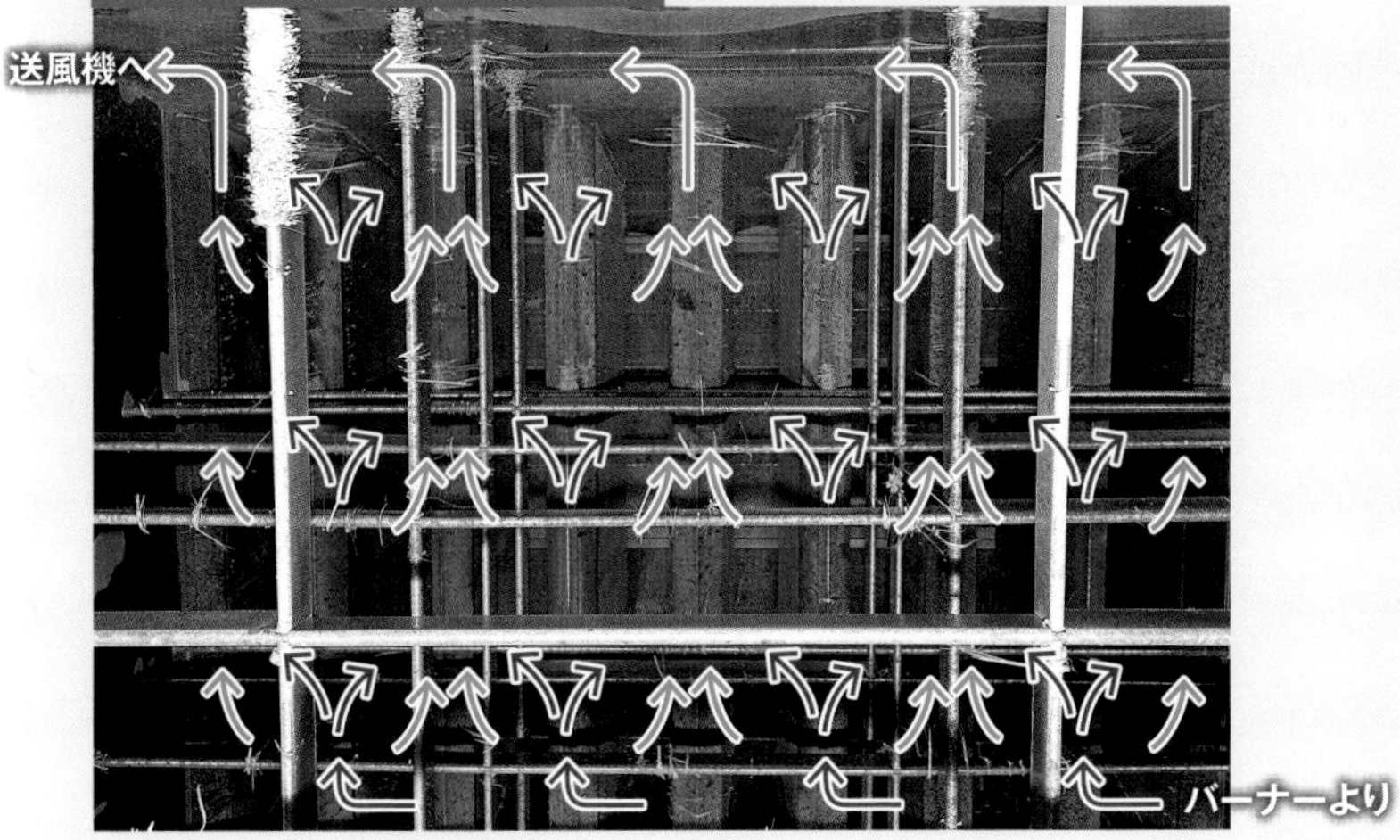

モミが落ちる8つの層（空間）が奥に見える。赤の矢印は熱風が8つの層に送り込まれるようすを、青の矢印は熱風が引っ張り込まれるようすを示す

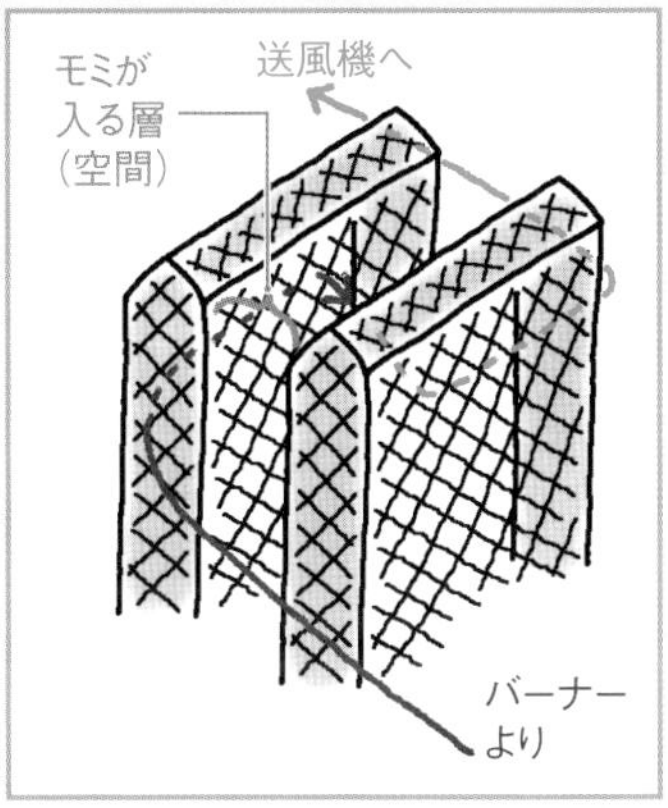

斜めから見た図。バーナーからの熱を送風機で引っ張り込んでいく

ラセン

天井には昇降機からモミが送られるラセンがある

バケット

モミをすくい上げる

験するの？

「足元を見てごらん。８つの層（空間）があるでしょ。その層にモミが入ると、片側の金網の中から熱風が送り込まれてくるんだ。で、もう片側の網の中へは熱風が引っ張り込まれる。そうやってモミの間に熱を通すわけ」

「ちなみに、うちには乾燥機がもう１台あるけど、そっちはもっと単純な構造になってる。乾燥部は２層だけで、真ん中と左右の金網の中から熱が送られる形。この８層式のほうが乾燥ムラは出にくい構造だよね」

ワラクズがモミ詰まりの原因に

なるほど、そういうしくみか。パンフレットを見ただけではまったく想像つかなかったけど、中で見るとよくわかるな～。しかしサトちゃん、毎年、乾燥機の中なんかに入ってるの？

「うん、米の収穫が始まる前の掃除とメンテナンスで入ってるよー。ホントは収穫終了後にすぐ掃除したほうがいいんだけどね。ほら、つららみたいになったワラクズが、いっぱいぶら下がってるでしょ。もう鍾乳洞だよね。このつららはモミ詰まりの原因になるから取り除いてやるんだ。

あと、ほら、内壁を見てごらん。モミのケイ酸分で塗装が削れて錆びちゃってる。これもサビ止め入りのスプレーで簡単に塗装しておくといいよ」

へー、乾燥機の手入れなんてホッパーとか下の開口部を、ブロワーで飛ばすくらいしかしてなかったよー。

乾燥機が故障しても モミは3日はもつ

「ちゃんと掃除や点検をせずに動かして、乾燥中に故障でもしたら、悲惨だよ～。機械屋さんを呼んで修理するにも、内部を見ないといけないこともあるからね。たいていは夜中に故障して、モミが蒸れちゃうからって、家族総出で中のモミを出したりするんだよね。想像してみな、50石のモミを箕《み》で出すところ……。

でも、じつは、３日くらい乾燥機の中にモミを置いといても大丈夫なんだよね。天井と下の開口部を開けておけば、下から空気を吸って上に出す構造になってるから、コンクリートの上にモミを積んどくより、よっぽどいい。まずは機械屋さんに連絡して、故障の箇所を特定してもらうのが先決ってこと。

ま、そんなトラブルに見舞われないためにも、壊れやすいところ、負荷がかかりやすいところは事前にチェックして交換しておくべきだね」

搬送部のバケットやベルトは 消耗品

消耗品の交換っていうと、どこを見ればいいの?

「まずは、昇降機のバケットだね。モミは1時間に1回乾燥機の中を回る。50石のモミをこの小さなバケットで持ち上げてくわけだから、相当なスピードで回ってるわけ。とくにモミをすくいとる部分は、かなりの負荷がかかるよね。だんだん擦り減ってきて、ほれ、新品とではこんなに差が出てくる（30ページ）」

あ、１cmくらい擦り減ってるね。

「この１cmが大きいんだよ。擦り減った部分だけでなく、バケット全体の１cm分のモミがすくい切れずにこぼれてしまうから、昇降口にモミが溜まっちゃうんだ（30ページ図）。擦り減ってきたら、乾燥中にバケットからモミが落ちる音がバラバラと聞こえるようになる。さらに擦り減ってくるとバラバラッバラバラッと音の波が出てくる。こうなったらもう確認して交換だね。

うちの昇降機にはバケットが60個ついてて、４年前に半分の30個を交換した。１個５００円か６００円かな。もったいないから半分にしたんだけど、結局調子がよくないから、次の年に残りも全部交換したよ。

あと、底のラセンから昇降機へモミを送り込む部分（31ページ図）にも負荷がかかる。それと、上のラセンを回すベルトも消耗品だ。目安としては、一般仕様の24石や32石乾燥機で、本体の寿命が１００町分、バケットやラセンの交換が50町、ベルトは25町っていわれるね」

なるほど、モミを搬送する部分が消耗品ってことか。

集塵機の威力に、「たまげたー」

「もう一つ、とっておきの話があるよ。じつは去年、近所の人からクレームが入ってね、乾燥機の送風口に集塵機をつけたんだ。わが家は村の中心部にあ

乾燥機のお掃除

中に入るときは、小物を落とさないよう、
ポケットは空っぽにしておこう

では、
行ってきます

ブロワーやホウキで掃除するときは、貯留部内にホコリが立つので、
張り込みスイッチを押して送風しながらやるとよい

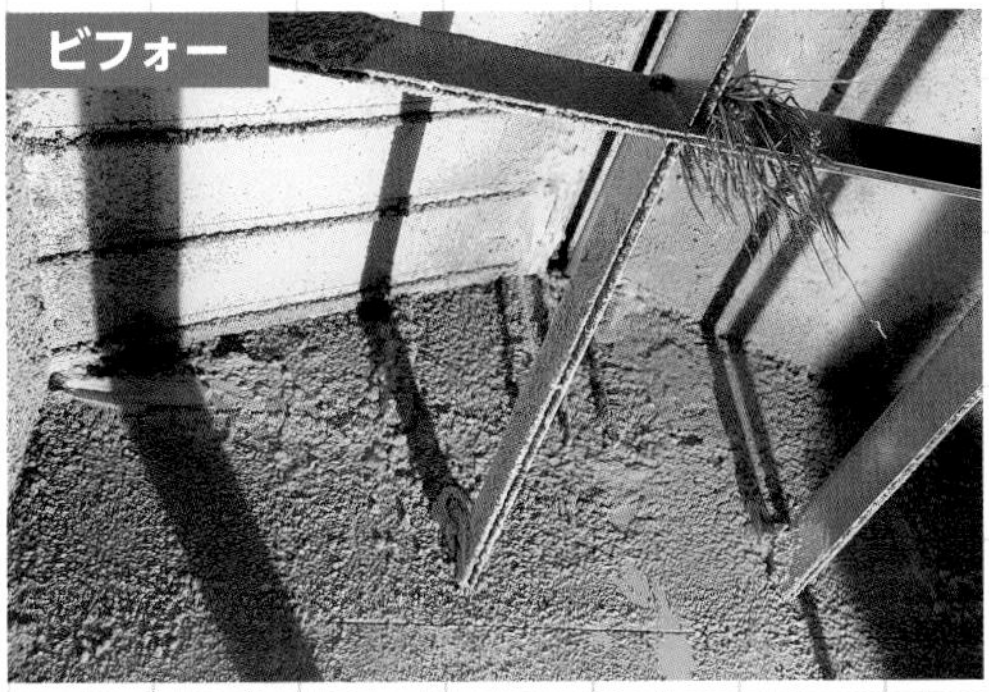

粉塵まで落とすと、送風ダクトからとんでもない量のホコリが外に舞い上がるから、いつもはワラクズを手にとって外に出すくらいだったけど、今回は集塵機（32ページ）を取り付けたから、ブロワーでピカピカにしちゃおう

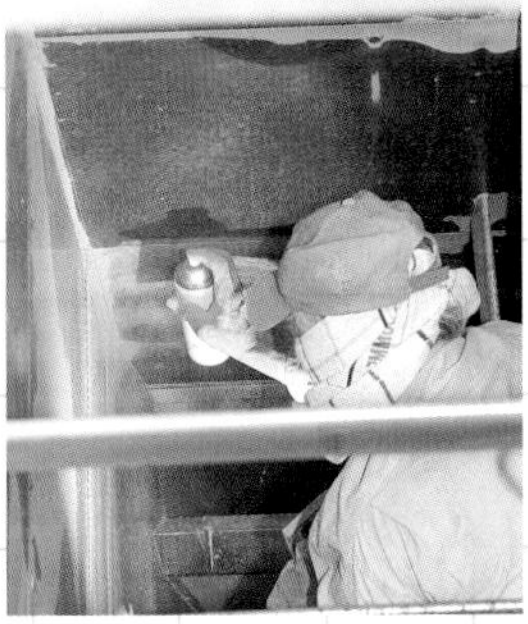

内壁にサビ止め入りのスプレーを塗布。一度に厚く塗ると剥がれやすいから、2、3回に分けて薄く塗る

乾燥機の外に出て、下部の側面にある開口部もチェック。ホコリやワラクズが溜まっている

負荷のかかる搬送部の消耗品をチェック

乾燥機のメンテナンス

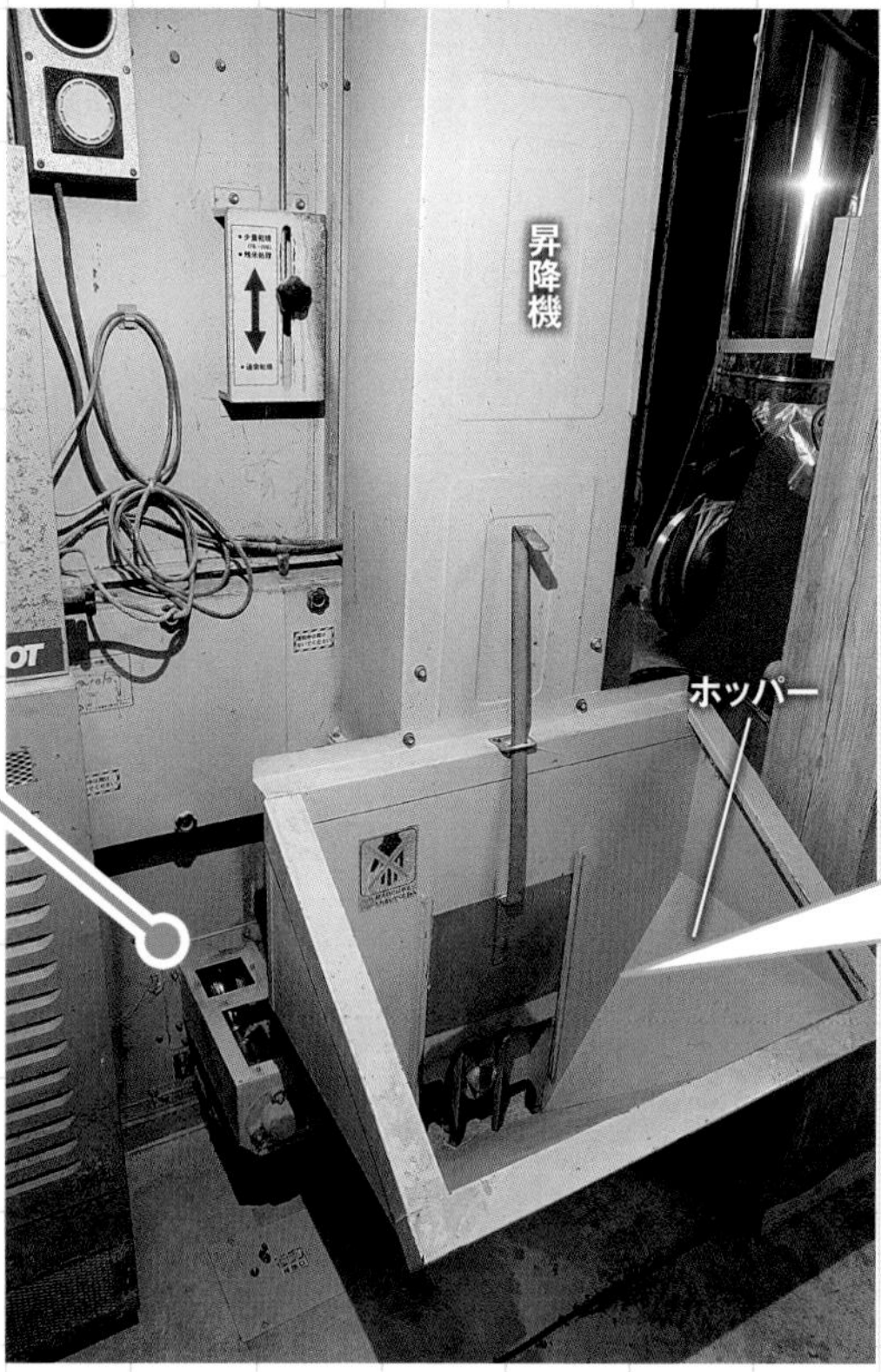

昇降機の下に、ホッパーと底のラセンの先端部がある

昇降口

バケットが擦り減ると取りこぼしが多くなる

バケット

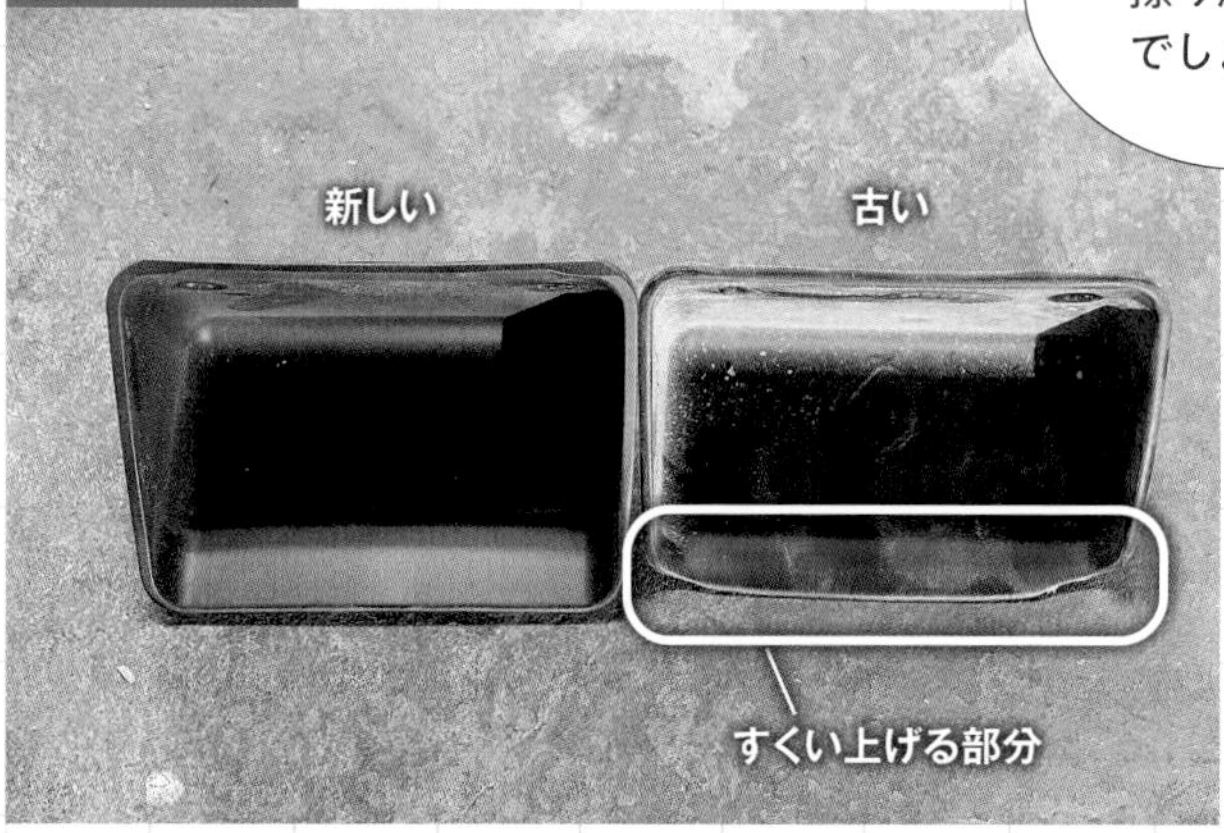

モミをすくい上げる部分が擦り減ってしまう

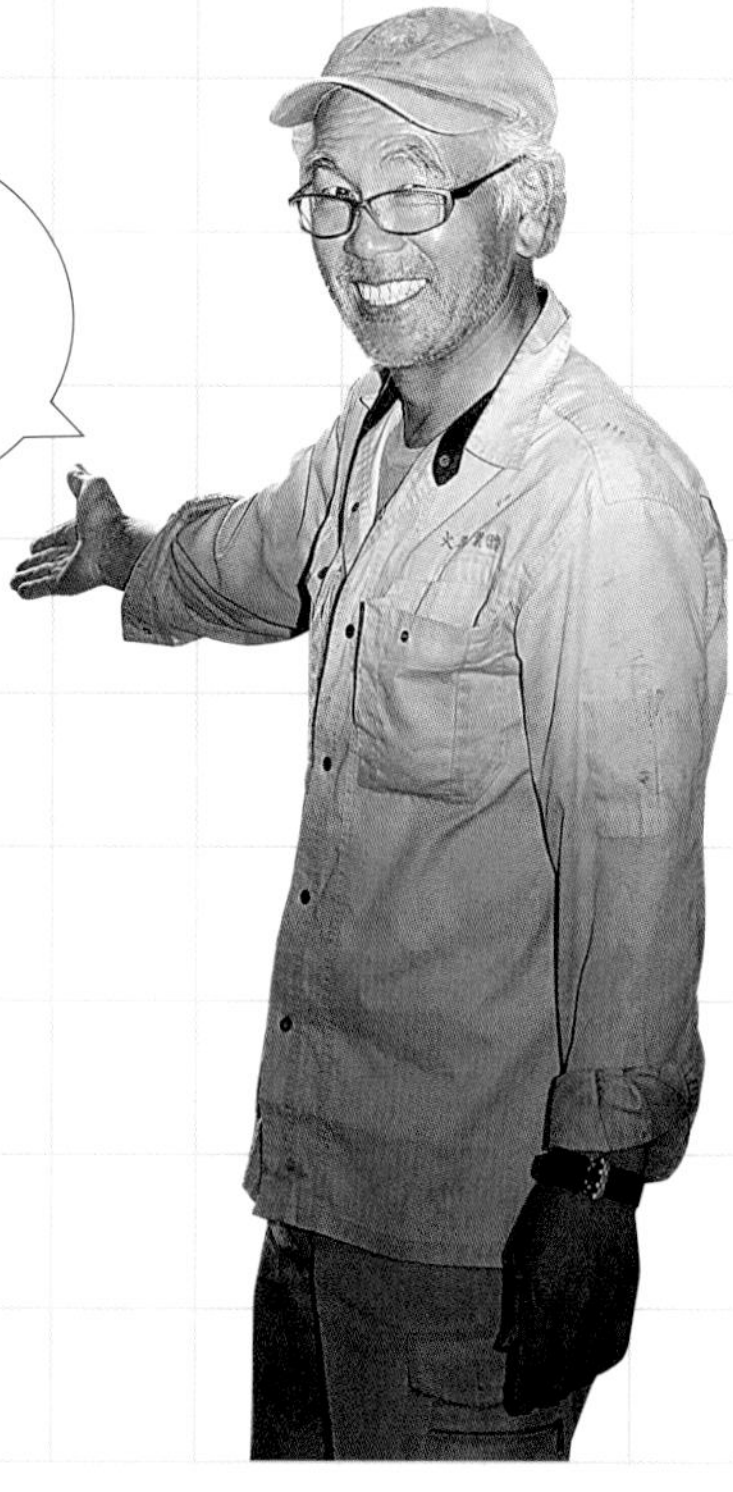
ずいぶん
擦り減ってる
でしょ

底のラセンの先端部

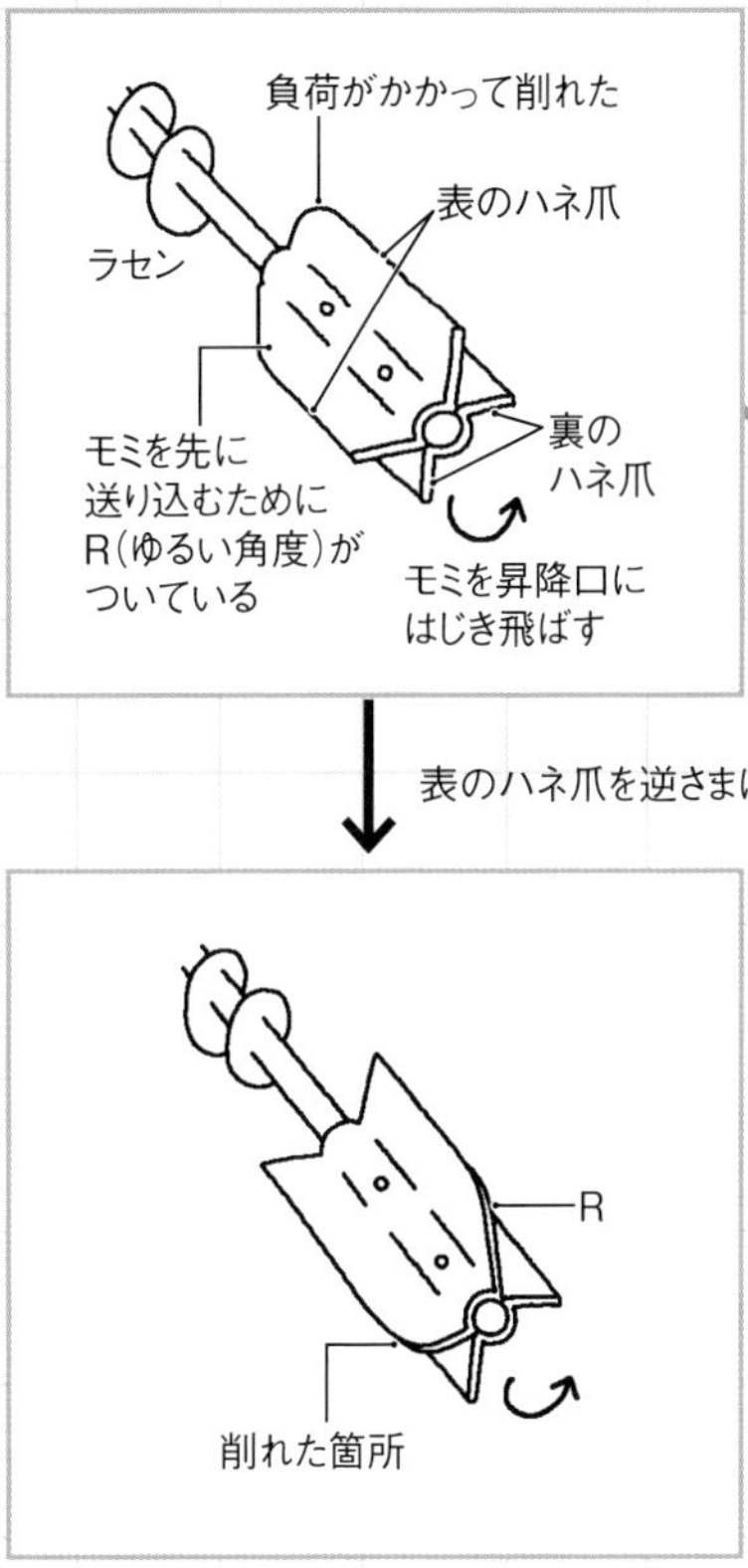

ラセンの先端は、送り込まれてきたモミが溜まってとくに負荷がかかる。メーカーによって形がさまざまだが、サトちゃんの乾燥機は先端に4つのハネ爪がついているタイプ（2枚で1対×2）。矢印の部分に負荷がかかって擦り減っていたので、1対を逆さまにしたら、モミの送り込みがスムーズになった

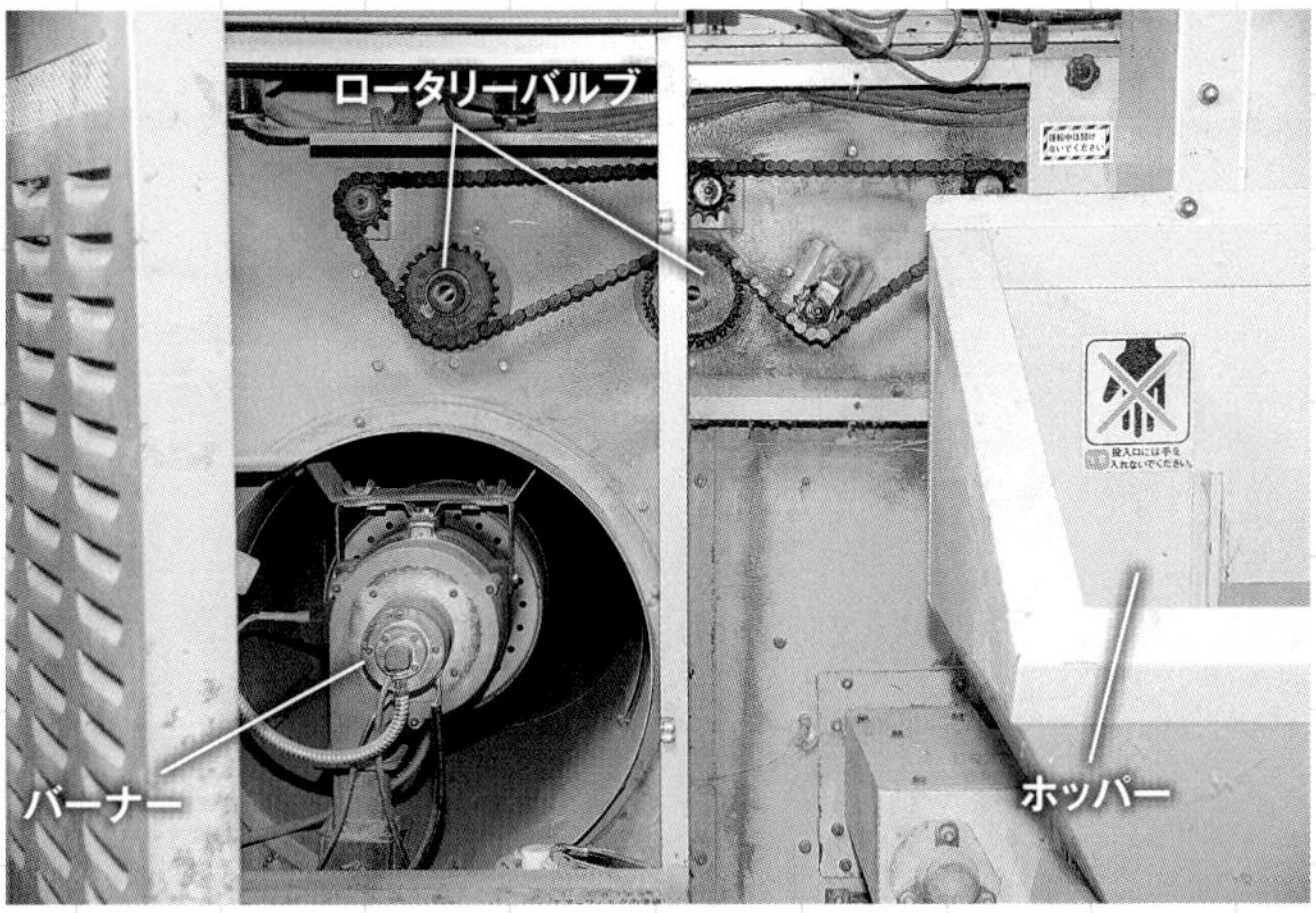

ロータリーバルブのチェーン

ロータリーバルブとは、モミを乾燥部から底のラセンに順序よく送り込む装置。これを回すチェーン（裏側にもある）にも、毎年グリスなどを補給。回転時にきしみ音がないかもチェック

乾燥中も機械小屋がたまげるほどきれい。そのしくみは？

集塵機でチリ、ホコリなし！

上の排塵機から送られた小さなゴミやチリをサイクロン式の集塵機（ゴミとるもん、金子農機）でゴミ袋に集める。分離しきれなかった微細な粉塵は乾燥機に戻して排出

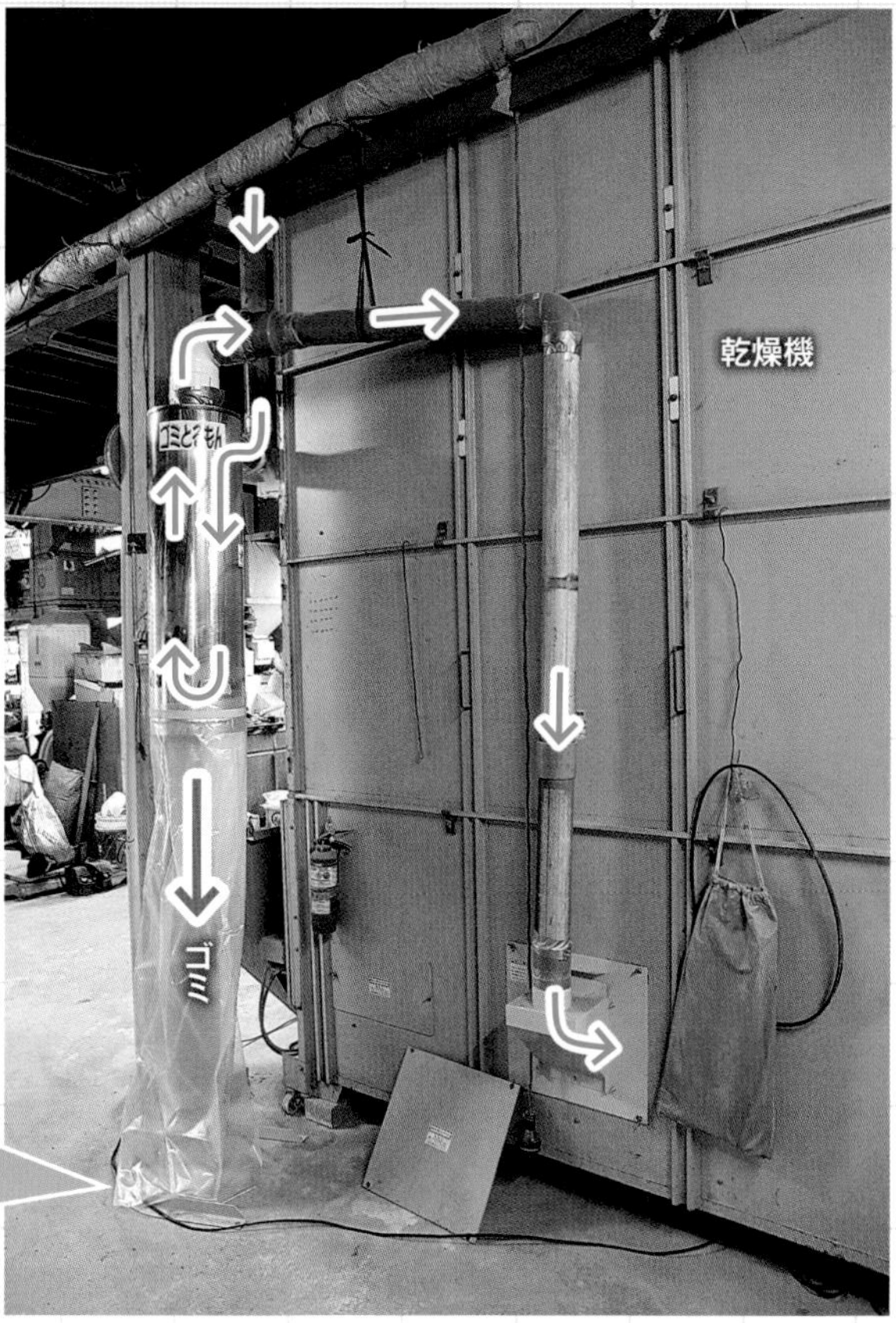

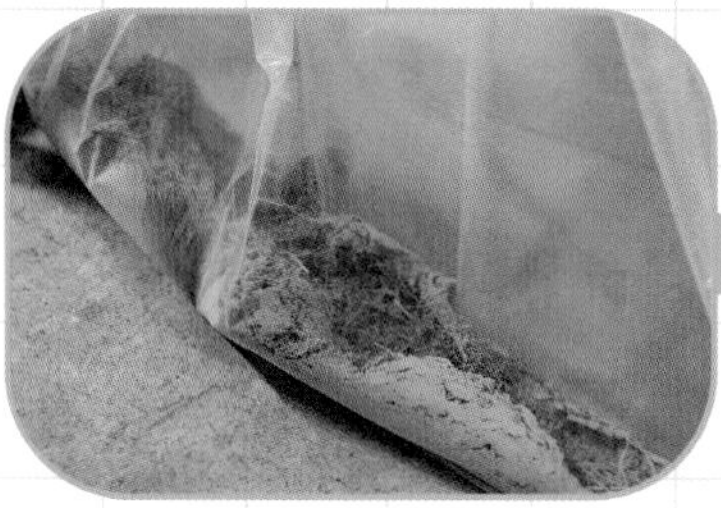

水で回収されたゴミ

って、言ってみれば第2種兼業農家の住宅街なんだよね。『乾燥機回されると、孫が外で遊ばれねー。やめてくろ』だって。いまは農村でも生活が都市化してっから、洗濯物が汚れるとか、騒音がうるさいとか、いろいろ気を使うわけよ」

　へー、うちのほうはまだ大丈夫だけど、いまどき村もたいへんなんだね。で、集塵機って掃除機みたいにゴミを吸ってくれるわけ？

「そう。1台の乾燥機に2カ所つなげるんだけど、上の排塵機から出る小さなホコリやノゲは、○イソンの掃除機みたいに、サイクロン方式（遠心力で異物を分離）で集める。もう一つ、下の送風機から出たゴミやワラクズは、ミスト状の水を含ませて集めちゃうんだ。使ってみたら、ホコリもチリもまったく出ない。乾燥中の小屋の中もきれいなもの。こりゃ、たまげたねー。粉塵対策で困ってる農家は早く入れちゃったほうがいいと思うよ」

掃除点検は出口からが鉄則

　ご近所さんからうるさいこと言われて、サトちゃん、逆に得したね。転ん

送風機からのゴミを水に吸わせて回収する（チリとるもん、金子農機）。青いトレイに溜めた水をポンプアップし、反射板に当てて飛び散らせ、ゴミを吸着させる

送風機から出る音を和らげるのに、古布団を活用！　側面にはマットレスを立て掛ける

でもただでは起きないとこが、さすがだな～。久しぶりに会えて、とっても勉強になったよ。サトちゃん、ありがとう。

「おっと耕作くん、最後にもう一つ。今回は説明しやすいから乾燥機の内部から紹介してったけどさ、シーズン前の掃除点検をするときは、乾燥機からじゃなくて、集塵機から始めるのが鉄則だよ。まず集塵機のセッティングをしておかないと、空っぽの乾燥機からゴミやホコリが勢いよく吹き飛ばされっからね」

撮影時に撮影した動画が、ルーラル電子図書館でご覧になれます。
https://lib.ruralnet.or.jp/video/

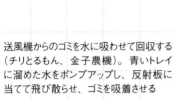

PP袋、放冷タンク、フレコンで一時貯留

北海道●古屋 勝

雪から掘り出したイネが乾かない

1873年、中山久蔵氏が「赤毛」という品種で米づくりに成功し、本格的な北海道での米づくりが始まってから、約150年。この間まさしく冷害との戦いの連続でした。

昨年、古い乾燥機を更新し、遠赤外線乾燥機（45石）を導入した

私も就農以来、厳しい気候の中で多くの経験をしてきました。二段乾燥に取り組み始めたのも、まさしく冷害がきっかけです。1983年、この年は夏の天候が不順で、生育が遅れる典型的な「遅延型冷害」でした。10月6日の夕方から降り始めた雨は、夜半から風雪に変わり、7日の朝には田んぼは一面の雪原へと変身。まだ収穫が始まっていない田んぼに、立っているイネは1本も見えない状況で、呆然と立ち尽くすしかありませんでした。

私たち農家は皆、棒を使って雪の下のイネを1株1株引き起こしながら刈り取りました。しかし、青未熟粒が多く、雪にまみれたモミの水分は30%以上。1日では十分に乾燥できないうえに、できた米も、この地域ではほとんどが規格外（当時の規格は一等から五等まで）にしかなりませんでした。

二段乾燥で全量等級内

その年、わが家では袋とり式のコンバインからグレンタンク式に変更したため、使わなくなったPP袋が300枚ほどありました。そこで、最初の乾燥で18%ほどに乾かしたモミを、PP袋に入れて納屋に積み上げ、一時的に保管。乾燥機をすぐに空けることができ、毎日収穫と乾燥を進めることができました。1週間ほど経ったモミは15%まで二次乾燥をして、モミすり・調製をして出荷しました。

青未熟粒と整粒との水分差が小さくなり、十分に乾燥した青未熟粒が粒選

筆者（72歳）。水田13ha、転作ダイズ3.4ha、ピーマン・ミニトマト20aを、妻と息子夫婦との4人で栽培。土作りと減農薬に力を注いでいる。お米はJA出荷と直売

米の二段乾燥とは？——耕作くんとサトちゃんの話より

耕作くんのやり方

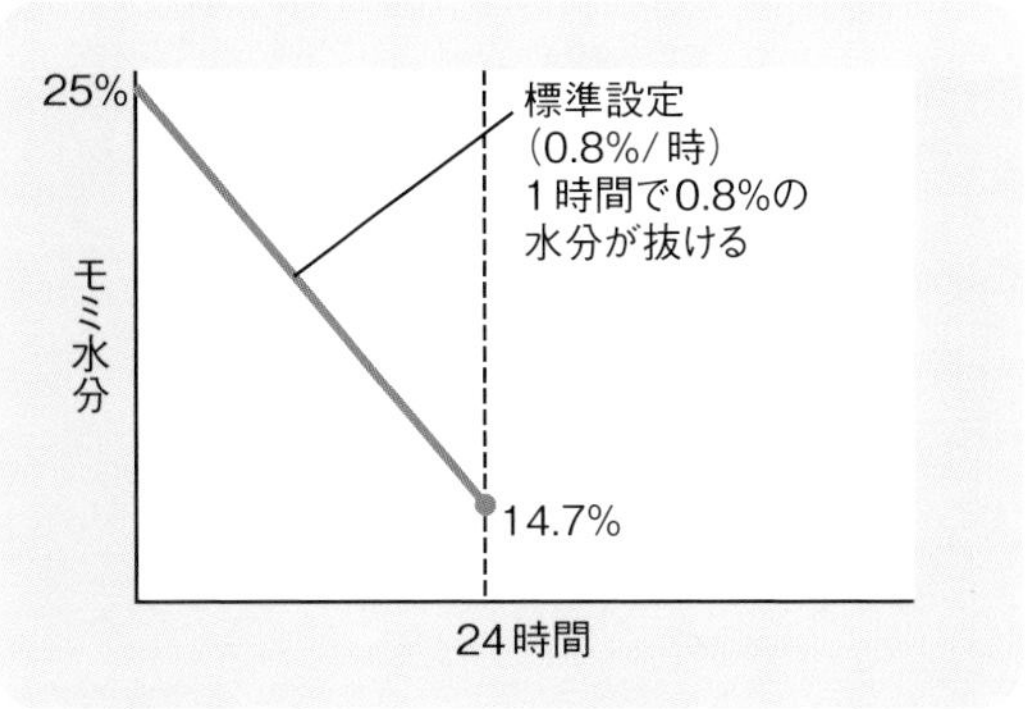

温度を上げて1日で仕上げる。1日で乾燥機が空になるので、どんどん次の米が入れられる。このやり方が一般的。急に乾かすとモミに水分差がつきやすく、乾燥後に水分戻りも起こるので食味低下につながる過乾燥になりやすい

サトちゃんのやり方

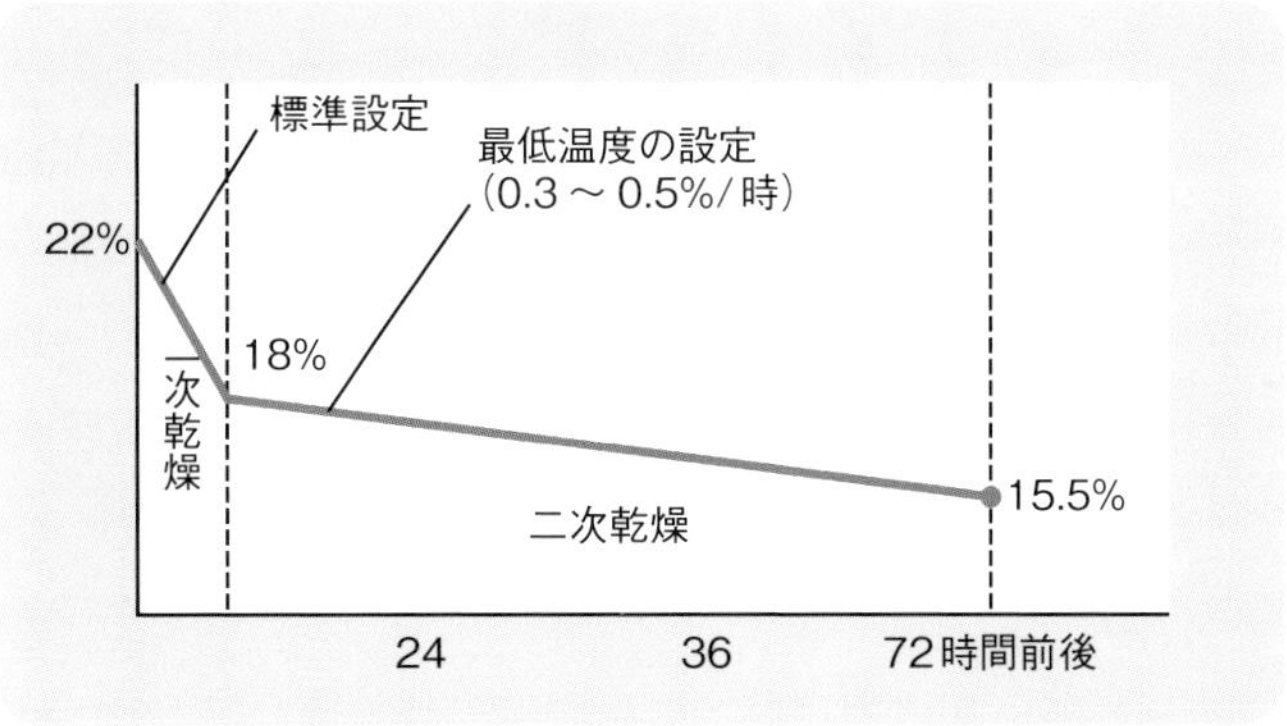

できるだけ低温でゆっくり時間をかけて仕上げる。時間や施設などが必要だが、水分ムラがなく、味もよくなるといわれる。作業分散にもなる。サトちゃんは夜乾燥機を停止し翌朝電源を入れることをくり返すが、やり方はさまざま。米を一時貯留容器に移したり（34, 37ページ）、乾燥機を一定のあいだ停止したり（37, 40ページ）、工夫がある

（編集部）

ではじかれるため、整粒歩合が向上。周りの農家はほとんどが規格外での出荷に終わったあの年に、わが家は全量四等米・五等米で出荷できました。

翌年もPP袋を使った二段乾燥で、品質的に安定しました。そして1985年の夏、家族総出で二段乾燥のための一時貯留施設作りにかかりました。

一次乾燥後のモミを保管する貯留タンクは、共同のミニライスセンターで使っていた、通風できる30石の放冷タンク5基を10万円で取得。昇降機やスクリューコンベア、ベルトコンベア、中古のコンバインの排出オーガなどを組み合わせ、手を触れずにモミを移動させるしくみを手作りしました。

今は当時（6ha）より面積も増えて13haほどになったので、放冷タンクを6基に増やしましたが、それでも足りないので、モミの半分ほどは500kgフレコンで貯留しています。

刈り取りと一次乾燥に集中できる

米の収穫期とミニトマト、ピーマンの収穫期が重なるわが家では、米の収穫・調製はもっぱら私の仕事です。刈

二段乾燥における水分の経時的変化
（北海道米麦改良協会資料より作成）

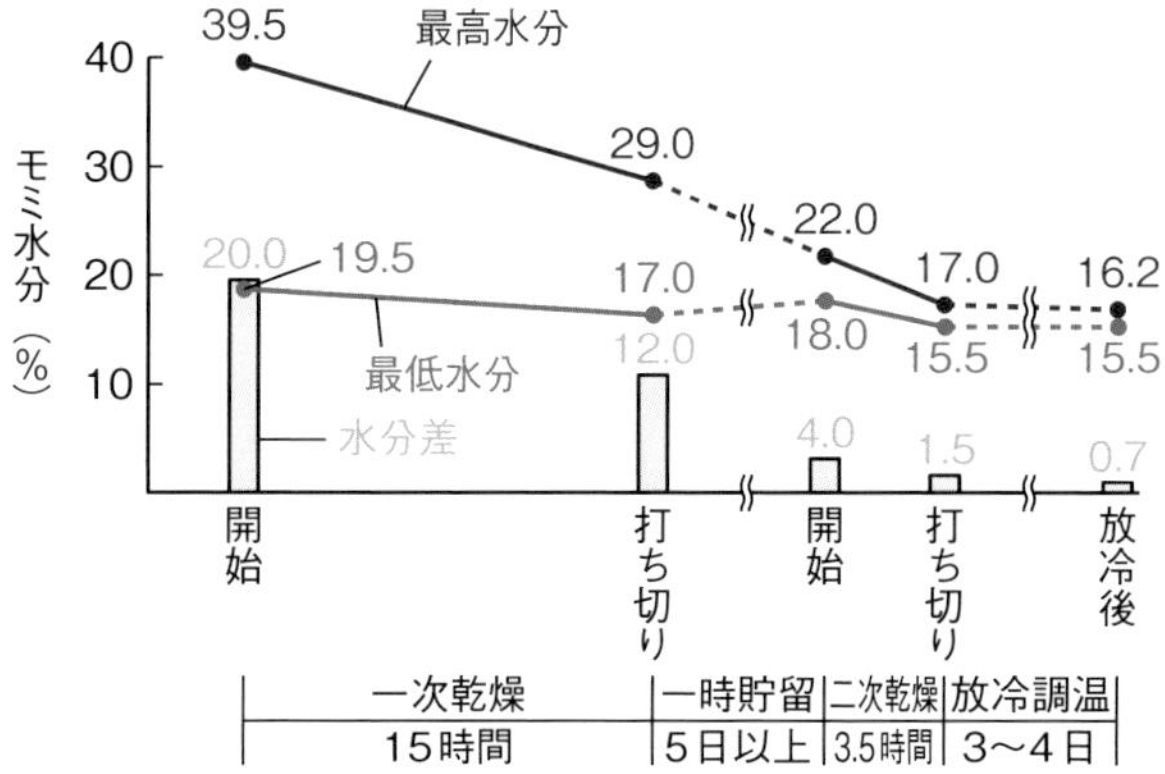

一時貯留中に未熟米などの水分が他のモミに移行するため、最高水分は減り、逆に最低水分は微増する。二次乾燥後には、水分差がほとんどなくなる

一時貯留用の放冷タンク。同型の枠を継ぎ足して1台の貯留量を50石まで増やしている。一次乾燥後のモミを張り込んだら、常温に近づくまで数時間通風する。貯留施設は廃材や中古品などを利用し、建物含め100万円ほどでできた

り取って、乾燥して、モミすりして、出荷するまでを1人で同時にこなすのはとてもきつい。一次乾燥後に貯留できれば、最初は収穫と一次乾燥に集中し、刈り取り終了の目途がついてから、モミすり・出荷ができてラクです。

いつも午前10時頃から刈り始めますが、夕方4時頃までに搬入を終えて停止水分18％で乾燥機を動かすと、翌日9時頃までには乾きます。これを放冷タンクに移動すれば、この日の刈り取りにかかることができます。

モミの水分が高い場合、一発仕上げで乾燥作業をすると、24時間で規定水分まで乾かないこともしばしば。刈り取り作業を計画的に進めることが難しくなります。わが家では1週間から10日ほど貯留した後、JA出荷分は二次乾燥で15％に仕上げます。

古屋さんの二段乾燥のイメージ図

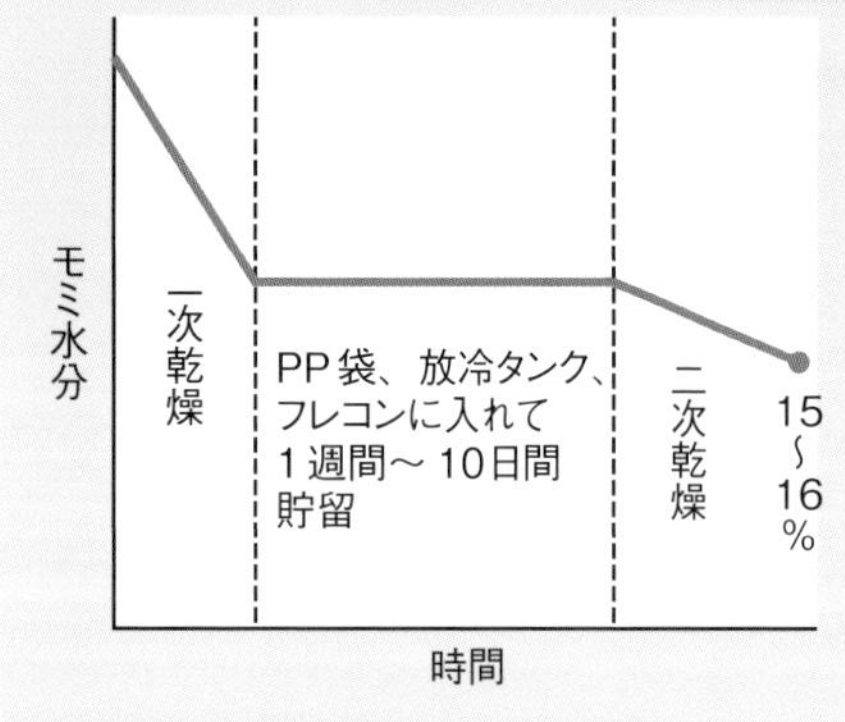

中米を長期保管できる

二段乾燥のメリットとして、粒選の選別効率がいいことが挙げられます。貯留中や二次乾燥中、青未熟米の水分が周囲へ移行し、粒が小さくなって網下に落ちるためだと思います。おかげで、整粒歩合70％以上を安定して確保することができています。また、水分が少ない網下米なら、以前はできなかった長期保管も可能。わが家では、網下米のうち1・85〜1・90㎜のものを通年販売しています。水分差が小さいおかげで、モミすりでも効率よく作業でき、胴割れ粒や肌ずれ粒も防止できます。

また、お米の食味を悪くする一因として過乾燥が挙げられますが、一時貯留で水分差が少なくなってから二次乾燥するので、過乾燥になりにくい。わが家で直売しているお米は、少し水分が高めの16％に仕上げ、食味を保つようにしています。もちろん、6〜8月

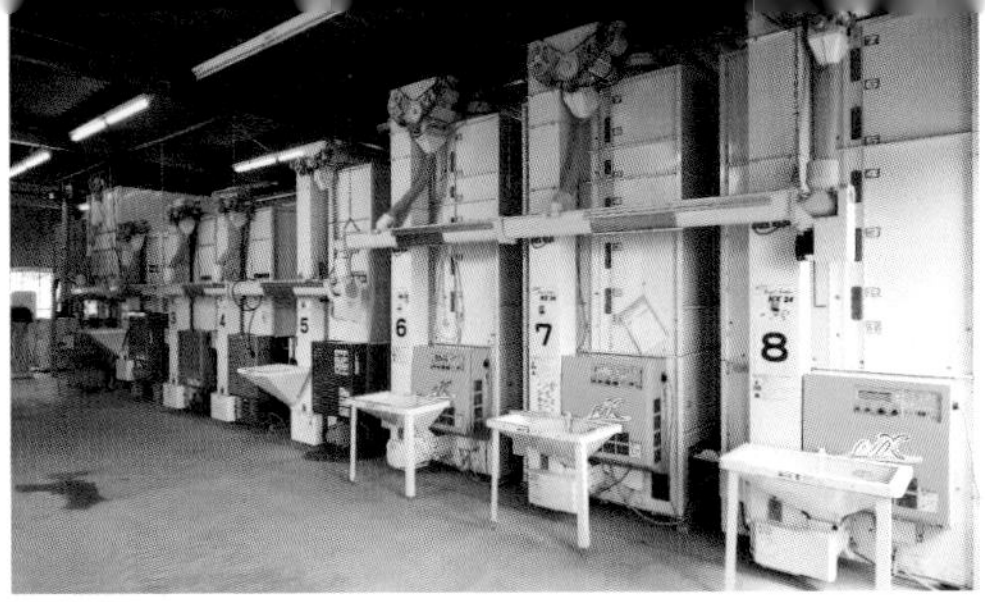

遠赤外線5台を含む、8台の乾燥機（12～24石）は、すべて大島農機㈱製。高温のバーナーで灯油を完全燃焼させるため、バーナー部にカーボン（すす）が付着しにくく、メンテナンスも容易。灯油臭さもない

の高温多湿期には、12℃以下の保冷庫で保管することはいうまでもありません。

取り組み方はいろいろある

よく「二段乾燥か〜。いいよなぁ。でも施設も必要だし、お金もかかるよな〜」と言われます。時代はスマート農業・規模拡大でコストダウン。つまり「大きくやって安くしろ」ということでしょうか。どこの誰がどうやってつくったかより、「安くしろ」「より安いものを」と。食料自給率が40％を切るわが国が「農業を輸出産業に」と、コスト削減に躍起になっています。

貯留施設を用意するには、当然そのコストがかかります。でも、半乾貯留の二段乾燥に取り組もうと思えば、方法はいろいろとあります。使わなくなった乾燥機を使う方法、鉄コンテナやフレコンを使う方法、格納庫をこの時期だけ空けて貯蔵場所にする方法など。まずは、一度でも試みてみては。

（北海道旭川市）

乾燥機かフレコンで寝かせる

静岡●五味伸章

2013年に個人向けライスセンターを開業。乾燥調製のコツも徐々に掴んできた15年、「自分でつくったお米を食べてみたい！　農家と同じ苦労を共有して、農業談議をしてみたい！」と、水田1haを借り受け新規就農しました。以後徐々に面積を増やし、今年は3・7haに作付けしています。

水分ムラに応じて乾燥を変える

現在、乾燥機は8台使っており、すべて大島農機㈱製です。大島は「低温大風量乾燥」をモットーとしており、お米に優しい乾燥ができることが一番のお気に入りポイントですね。

乾燥前にはまず、ケットの手動水分計「ライスタF」を使って数回モミの水分を計測し、大まかな平均水分を把握します。その後、モミを乾燥機へ投入したら、その総量を張り込み量目安窓で確認。乾燥温度と循環スピードを決める「穀物量ダイヤル」を調整してから、乾燥をスタートします。

重視するポイントは、乾燥機のコン

筆者（42歳）。ヤンマーの特約店として、農業機械を修理・販売する兼業農家。水田3.7ha。自前のライスセンターで乾燥作業を年に1200～1300俵ほど請け負う

トロールパネルに表示される「水分分布」と「平均水分値（機内水分）」です。水分分散幅と水分の山がどこにあるかを把握し、一発乾燥でいいのか、二段乾燥がいいのか、「さらに高度な乾燥」が必要なのかを判断します。

乾燥機に張り込んだ直後の平均水分値が23・5％であっても、水分分布に高水分のモミが多く確認できた場合、設定水分値で乾燥が終了した後に、水分戻り（高水分側に引っ張られること）が発生しやすい。水分ムラが5～6％ある場合は、最低でも二段乾燥、もしくはさらに高度な乾燥で仕上げるようにしています。

穀物量ダイヤルは実際よりも低く

水分分布幅の広いモミは、穀物量ダイヤルを基本設定より低くして乾燥をします。例えば、張り込み量目安窓で5の位置までモミがあっても、コントロールパネルの穀物量ダイヤルは4または3に設定します。これにより、モミの乾燥機内滞在時間が増え、より低温乾燥となるので、水分ムラを取りつつ様子をみることができます。

高水分のモミは時間当たりの水分低下率が大きく、低水分のモミほど小さいという特性はあるものの、高温で乾燥すると低水分のモミは過乾燥の域まで乾いてしまいます。低温乾燥のほうが、モミに優しく乾燥できます。

水分を含んだ布は、絞り始めは多くの水が出ますが、水分が減ってくると絞り出される水は少なくなりますよね。布を絞る力加減が強いと、今度は布が傷んでしまうことも……。この布をモミ、絞る強さを乾燥温度に照らし合わせると、理解しやすいかと思います。

狭い空間に閉じ込められると、高水分のモミから低水分のモミへと「水分

乾燥機のコントロールパネル

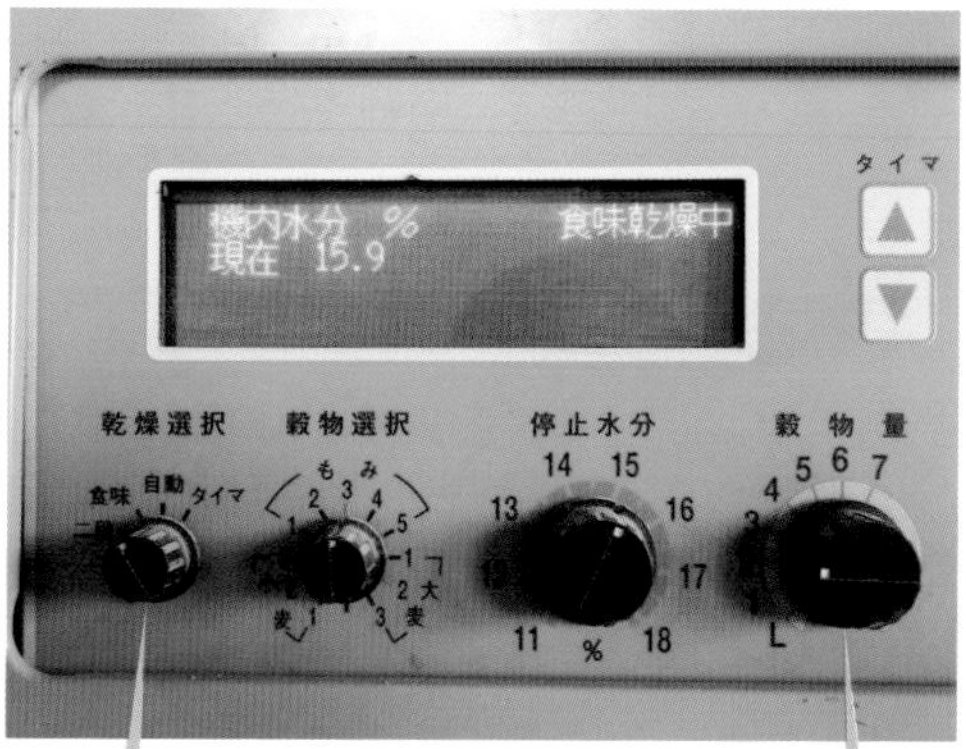

乾燥選択ダイヤル

食味乾燥モード：最初は低温でじっくり、ある程度水分が落ちたら温度が上がるモード。急な乾燥で食味を損なうのを防ぐ

二段乾燥モード：休止期間をプログラムし、二段乾燥にすることができる

穀物量ダイヤル

高く設定：乾燥温度が高くなり、乾燥時間、テンパリング時間が短くなる

低く設定：乾燥温度が低くなり、乾燥時間、テンパリング時間が長くなる

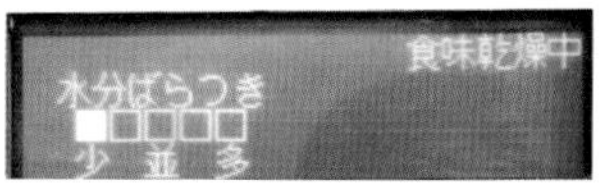

水分分布と水分のばらつきを液晶で確認。ばらつき表示では、一つの四角が2％の水分ムラを表わす。5～6％以上の水分ムラがある場合、二段乾燥が必要となる

五味さんの二段乾燥イメージ図

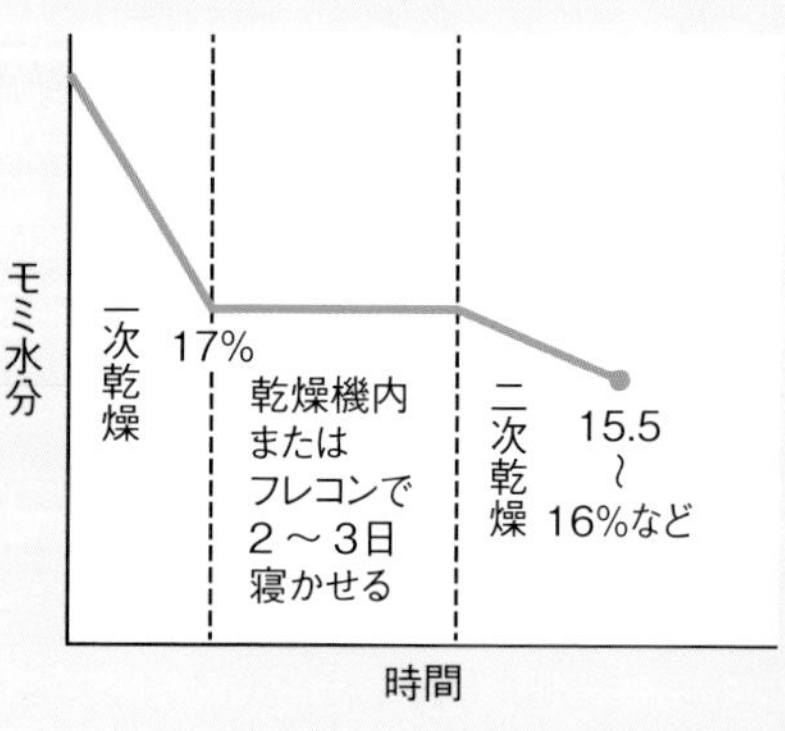

移行」（テンパリング）が起こります。水分ムラが徐々に減ってきますが、モミが乾燥機内にいる時間が短いと、水分移行時間が少ないので、ムラ乾燥になってしまいます。

乾燥終了水分値が14・5％であっても、ひどいムラ乾燥の場合、常温保存したら米にカビが生えた……、なんてケースも考えられますから、水分ムラをなくしてキッチリ仕上げることはとても大切！　うちでは4日かけて乾燥する場合もあります。本当に気を遣う作業ですね。

筆者の「さらなる高度な乾燥」（一例）

穀物量ダイヤルを実際に張り込んだ量より低く設定（実際は５のところ３など）

▼

食味乾燥モードで１日以上かけて17％まで乾かす

▼

乾燥機内またはフレコンで丸１日以上寝かせて、水分のバラツキを収束

▼

タイマー（時限式）乾燥で15.5～16％までじっくりと乾燥

▼

さらに１日寝かせてから、理想の水分値まで乾かす

最終的な仕上がりは、保冷庫で保管できる場合は15～15.5％、常温保管の場合は14.5～15％が目安

より丁寧な乾燥法

二段乾燥では、自動の二段乾燥モードを利用することもありますが、よりじっくり乾かすために、自分の手で操作する場合も多くあります。例えば、食味乾燥モードに設定し、一次乾燥は水分値17％で終了。一度1ｔフレコンなどへモミを排出し、2～3日間寝かせて完全に水分ムラを取ってから、再度乾燥機へモミを張り込んで、希望水分まで落としていきます。自動で数時間休止する二段乾燥モードに比べ、本当に手間がかかりますが、その甲斐あって水分ムラはほぼ皆無。水分分布が綺麗にまとまるので感動しますよ。

自分の作付けするお米などでは、さらなる高度な乾燥を実施しており（上段参照）、乾燥の仕上がりは日本屈指かもしれません（笑）。ライスセンターを経営しており、しかも地域でもかなり遅いイネ刈りだからできる贅沢ですね。

乾燥はイネへの最後の思いやり

低温、長時間の「じっくり乾燥」だと、乾燥機を占有している時間が増えることで、作業効率が明らかに低下します。乾燥機の稼働時間も増えるので、機械が消耗しやすい、電気代が高いといった点もデメリットになります。

しかし、良食味が維持でき、水分ムラや胴割れも少ない、理想的な乾燥ができることは大きなメリットです。私はできる限りじっくり乾燥ができるよう、無理な日程は組まず、キッチリ仕上げることに重点を置いています。

半年かけて土を作り、耕耘や代かきにもこだわり、水管理や施肥、雑草対策、防除、そして草刈りに追われ、台風の進路にビクビクしながら、やっとの思いで刈り取ったイネ……、たくさんの苦労と思いが詰まったイネにかけてあげられる最後の思いやりが、じっくり乾燥だと思います。

ここ2年ほど、新規のお客様からの乾燥依頼を受けたのですが、「自分で乾燥していたときより、米がおいしくなったよ！」と、大変嬉しい評価をいただきました。感謝の言葉をいただくたびに、最適な乾燥方法の模索に力が入ります。

（静岡県御殿場市）

温度の下げ方、湿度に合わせた乾燥

滋賀●中道唯幸

胴割れ米。高速乾燥で穀粒中の水分差が大きくなると発生しやすい。食味低下の原因となる（倉持正実撮影）

僕の乾燥の考え方

モミ内外の水分ムラで胴割れ

米づくりの総仕上げとなる収穫後の乾燥操作を間違うと、1年間の苦労が台無しになる可能性もあります。サジ加減ひとつでおいしさや品質を大きく損なうから、要注意ですね。

従来の「熱風乾燥機」は、燃焼炉で温め乾燥した空気を送り込んで、穀物の水分を取る仕組みです。しかし、穀粒表面の水分だけが飛ばされ、内部の水分は残ったまま。表面と内側とで、水分の違いがあまりに大きくなると、その矛盾からお米が割れる「胴割れ」が発生してしまいます。

これを防ぐために、循環型乾燥機の上部には、穀物内側の水分が表面に移行する時間をかせぐための「一時休憩場所」（貯留・テンパリング部）があります。しばらく休んで内外の水分ムラが少なくなったモミは、再度乾燥ゾーンに入って、その後また貯留部へ……これを繰り返します。通常の熱風乾燥の場合、内部の水分が外側に移行するのには、十分なテンパリング時間が必要で、お米を割れないようにしつつ乾燥を早く仕上げることは、とても難しかったんです。

水分ムラが減る遠赤外線乾燥機

熱風乾燥機の弱点である、乾燥時の穀物内外の水分ムラを軽減したのが「遠赤外線乾燥機」（遠赤）です。

遠赤外線式ストーブに当たっていると、身体の中から温まる感じがしますよね。これと同じで、遠赤の乾燥機では、穀粒内部からも温まります。すると、内外の水分差が軽減されるので、内側の水分が外側に移行する時間が大幅に短くてすみ、お米が割れる心配も少なく高速乾燥できるんです。

乾燥機がすぐに空くので、毎日新しい田んぼのモミを乾燥機に投入できて、作業がとっても効率的。乾燥効率も高いので、灯油の使用量も減り一石二鳥ですね。でも、じつは大きな落とし穴があるんです。

高温・高速乾燥だと発芽不良に

ある時、稲作農家仲間から「自家採種した種モミが、発芽しなくて大失

筆者（63歳）。田んぼ約40haでイネを有機栽培や自然栽培。お米屋さんに卸すほか、わが農園のネットショップで直売（依田賢吾撮影、以下Y）

循環型乾燥機（テンパリング乾燥機）のしくみ

上部に貯留タンク、下部に乾燥部があり、穀物は昇降機によってタンクに投入される

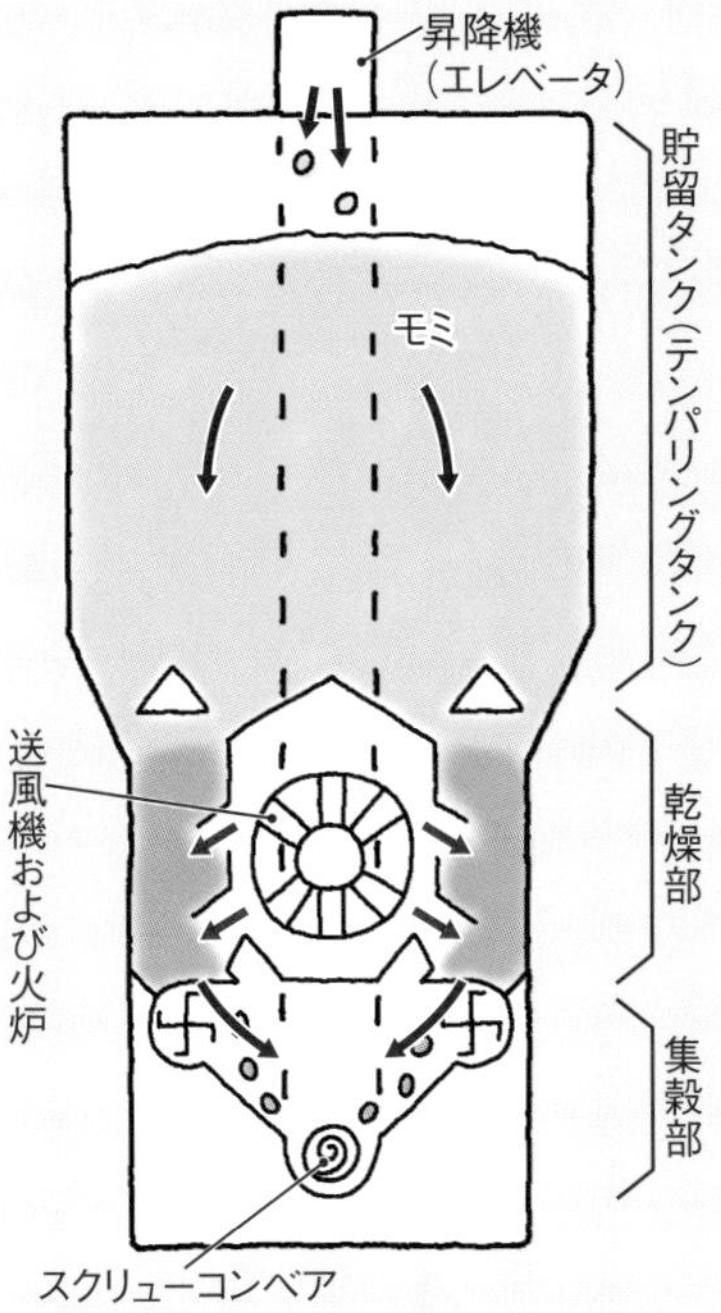

遠赤外線乾燥機のしくみ

乾燥部または集穀部に遠赤外線放射体が搭載されている

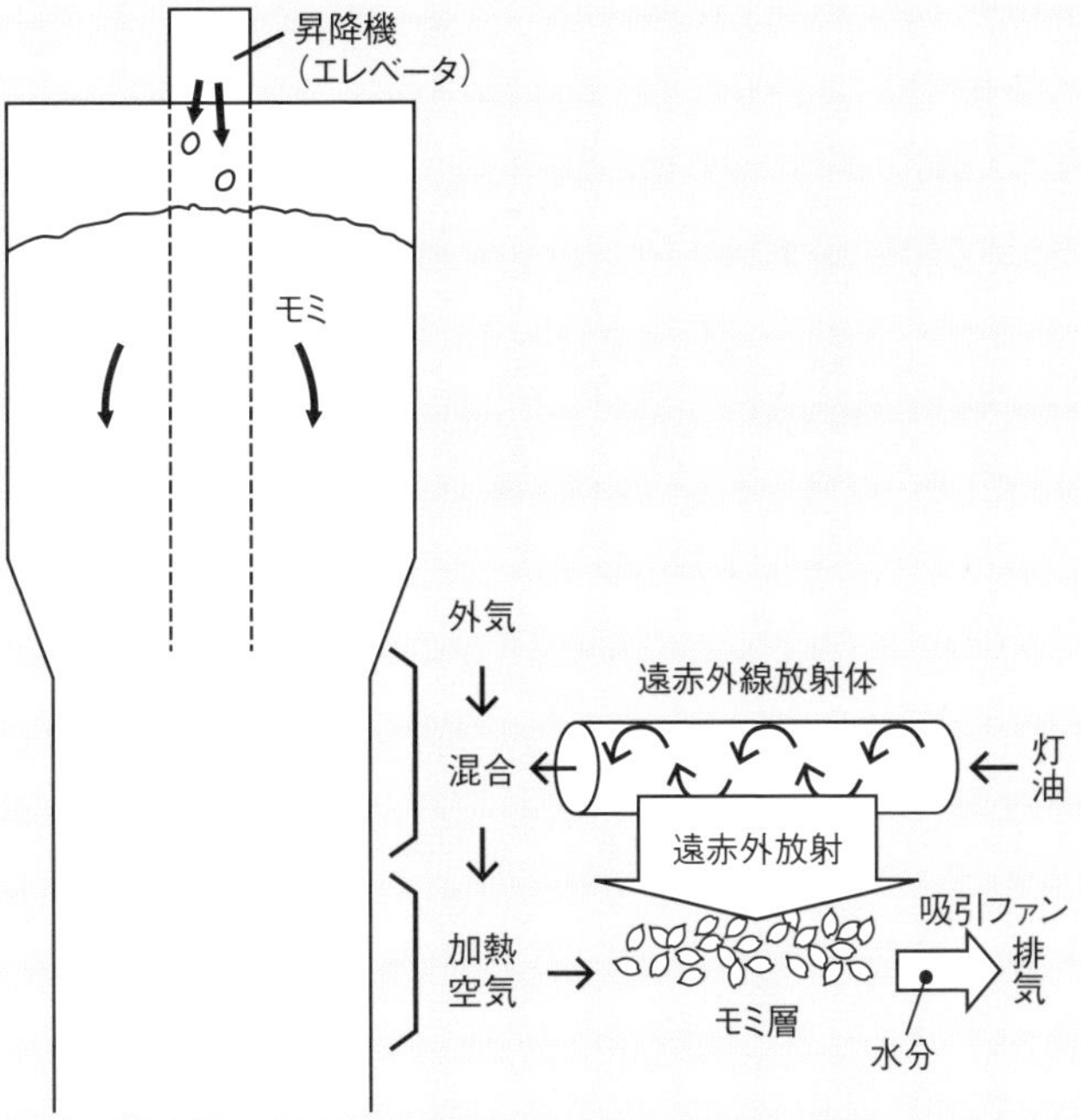

熱風乾燥機と遠赤外線乾燥機での乾燥の違い

モミの外側から温めていく熱風乾燥機に比べ、遠赤外線乾燥機は内部からも温まるので、内外の温度差が出にくく胴割れも出にくい。ただし、急激乾燥で発芽率が落ちるリスクも大きい

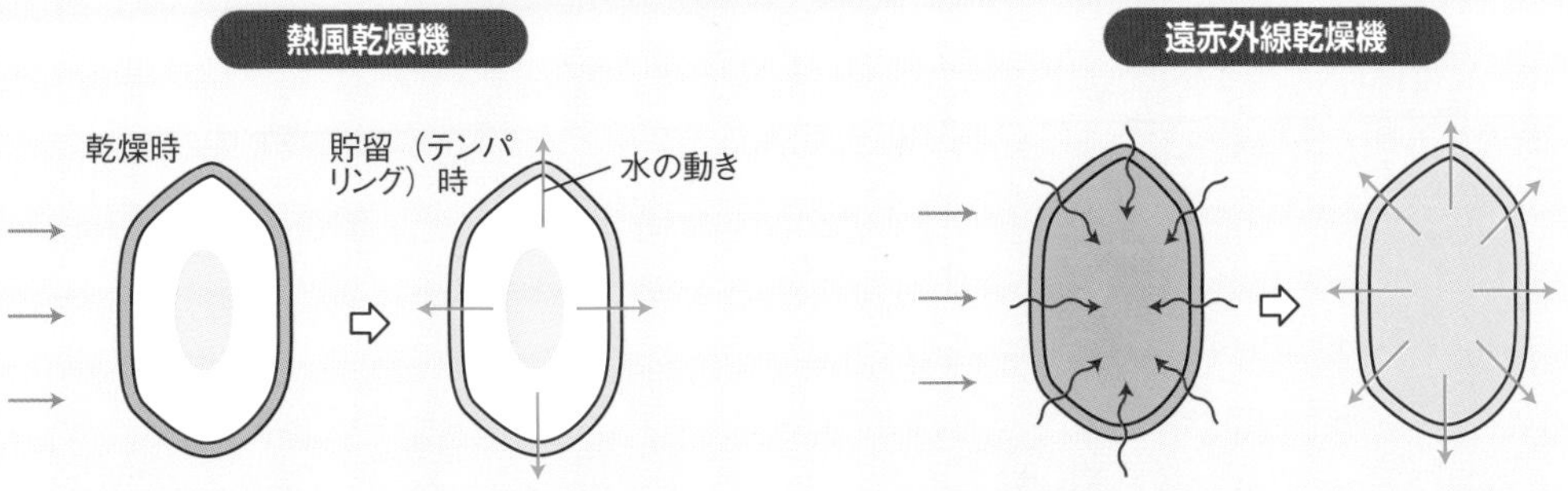

温風のみで乾燥するので、外側の温度だけが上がりやすい

内側の水分が外側に移行するまで、長い貯留時間が必要

温風と遠赤外線で乾燥。遠赤外線が内部の水分を振とうさせ均一に温度を上げる

水分差が少ないので、貯留時間が短くてすむ

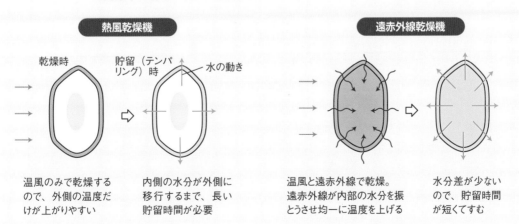

敗！」と連絡が来ました。彼は種モミを遠赤で乾燥し、穀粒の、とくに胚芽部分の温度を限界以上に上げてしまって、生命力・発芽力を奪ってしまったようです。乾燥機の中でお米が炊けてしまったイメージですね。

単なる熱風乾燥の場合、モミの表面に熱風が当たるだけなので、内部まではすぐに温度が上がりません。でも遠赤の場合には、穀物内部の胚芽やデンプンも温まるため、発芽不良が起こりやすい。このことは、乾燥機メーカーも認めている事実なんです。

これ、主食用米でも大問題です。以前ある乾燥機メーカーから、発芽率と食味の関係を表わしたグラフをもらいました。同じモミを低温でじっくり乾燥した場合と、温度高めで高速乾燥した場合の、発芽率と食味の比較試験データです。これが、見事に比例していたんです。発芽率がいいお米は、ご飯としてもおいしいんですよ！

じっくり乾燥で発芽率の高い米

僕にとって理想なのは、ツヤがよく弾力があり、おいしくって栄養価も高く、食べた人が元気になって、発芽率がよく、貯蔵性にも優れるお米。これを僕は「野生力の高いお米」と呼んでいます。

そう、ここまで遠赤のリスクを説明してきたのは、発芽率を重視しているからです。とはいえ、僕が遠赤を使わないわけではありません。ただし、効率を上げようと高温・高速乾燥するのではなく、低温で時間をかける「じっくり乾燥」を実践しています。これなら、遠赤でも熱風乾燥機でも、野生力の高いお米に仕上がるんです。

実際、うちの主食用玄米で発芽試験したところ、どの品種も95％以上が発芽しました。この生命力のおかげか、「梅雨を越してもぜんぜん味が悪くならない」「倉庫の奥に保管して、一番後に出荷できる」と、毎年複数軒の米屋から、長期保存用のお米として指名買いが入ります。乾燥に気を遣い始めてから、評価がぐんと上がりました。

1・5倍以上時間がかかる

僕の実践するじっくり乾燥とは、具体的には35℃以下の低温から始め、途中で3時間以上乾燥機を止める「二段乾燥」や、無施肥無農薬の米の一部で取り組む、温度をまったくかけない「風だけ乾燥」などです。

低温での二段乾燥だと、通常の1・5倍、風だけ乾燥だと3倍ほど時間がかかります。作業を回すのが大変ですが、作期を延ばしたり乾燥機を増設したりして、なんとかやっています。中古なら、30石の熱風乾燥機が7万円程度でも手に入りますしね。

送風温度を下げるには、モミ投入量ダイヤルの値を下げる

じっくり乾燥では、温度をかけすぎないことが大前提です。初期設定のまま乾燥している人も多いと思いますが、それだと（とくに遠赤の場合）、じつは温度をかけすぎてしまいます。まずは取り扱い説明書をしっかり読み、乾燥機ごとの特徴を知っておきたい。

サタケ製の場合は、グルメモードや種子モードなど、低温設定のモードがダイヤルで簡単に選べます。僕の農場で多い山本製作所製は、コンピューター設定に基本温度の設定があって、標準の乾燥温度をメーカーの初期設定温度から±10℃の範囲で変更できます。

中道農園でメインに使っている乾燥機

メーカー	石数	乾燥方式	台数	
山本	50	遠赤	2	基本の設定温度を初期設定より10℃下げた。じっくり乾燥でも、熱風乾燥機より1割ほど燃費がいい
山本	43	熱風	2	種子用カード（写真下）を入れることで、種モミ用の低温乾燥モードにしている
サタケ	35	熱風	1	ダイヤルで種子モードに設定して使用
ヤンマー	30	通風のみ	1	風だけ乾燥の専用機。おもに秋雨前線が去って湿度が下がった後から使用（詳しくは次回）

どれも循環式。収穫時期には常時3～4台が稼働する。貯留タンクが1.5ha分あり、乾燥したものからそちらに移す。これで、じっくり乾燥でも1日約2ha収穫できる。この他、非常時に使う海外製の大型機もある

1年前に、中古7万円で購入したヤンマーの30石乾燥機。加温能力はあるが、風だけ乾燥専用機にしている（Y）

山本製作所製乾燥機の「種子用カード」。これをセットすると、発芽能力を保つ低温・じっくりの乾燥に自動で調整してくれる（Y）

送風温度を下げるにはこれ。乾燥機が「モミの量が少ない」と勘違いして、乾燥が弱めになるんよ

筆者の手の近くにあるのが、穀物量ダイヤル。どの乾燥機も基本的に、実際の張り込み量より低くしている（Y）

僕は10℃下げて最低値にセット。これだけで、おおむね高温によるお米へのダメージの心配はなくなります。山本製には、乾燥のプログラムが入ったカードをセットするだけで、種子モードなど低温乾燥モードに切り替わるしくみもあります。

また、すべての乾燥機メーカーに共通して「モミ投入量（穀物量）ダイヤル」というのがあります。モミの量が少ない場合に送風温度を低くして、胴割れや急激過乾燥を防ぐためのしくみです。これを使って、乾燥機をだまし

ます。たとえば、満量入れた状態で、穀物量ダイヤルを半分の目盛りに合わせてみてください。これで、送風温度をグッと下げることができます。

僕の乾燥のやり方

二段乾燥、モミすりは2日後!?

僕は遠赤外線乾燥機でも熱風乾燥機でも、基本は途中で一度乾燥機を停止させる「二段乾燥」です。

①最初1時間は火を入れず通風

まず、乾燥機に収穫直後の生モミを投入したら、粗熱と粗水分を飛ばすために、最低でも1時間以上火を入れずに通風します。水分状態が高い生モミは、密に詰められると自然に発熱します。そして、モミ水分が高いほど、高温によるデンプン劣化のダメージは大きい。だから、これ以上温度をかけないように、冷やしてやるほうがいいんです。生モミは表面にじっとり水分が集まっているので、通風だけで十分乾燥は進み、燃料も節約できます。

②一段目、温度は水分に応じて

その後、いよいよ火を入れて一段目の乾燥に入ります。火を入れて数分たったら、乾燥機付属の水分計でモミ水分を確認。乾燥開始の時刻と一緒に、乾燥機周りのホワイトボードにメモしておきます。水分が25％を超える場合には、デンプンが劣化しないよう、中段左のような操作により、送風温度を35℃以下に下げます。水分が20〜24％の場合でも、僕は40℃未満に抑えています。

乾燥開始後は、ときどき乾燥機を見回って水分を確認。20％未満になって初めて40℃超えにしますが、最高でも45℃までに抑えます。初秋は外気温が高いので、この設定では送風温度との差が少なく所要時間は長くなりますが、モミの生命力を奪わないために、僕はかたくなに守っています。

③朝方3〜4時間、乾燥を停止

朝方の3時頃、タイマーで一段目の乾燥を終え、7時頃まで乾燥機を停止させておきます。機内のモミの水分ムラを補正し、仕上がり水分のバラツキを防ぐためです（テンパリング）。この時間は外湿度が高く、乾燥効率が悪くなりやすいというのも理由です。

④二段目は、仕上がりに要注意

その後の二段目の乾燥では、仕上げ水分を15・5％に設定。自動停止した段階で、手持ちの穀粒水分計を2種類

中道さんの二段乾燥のイメージ図

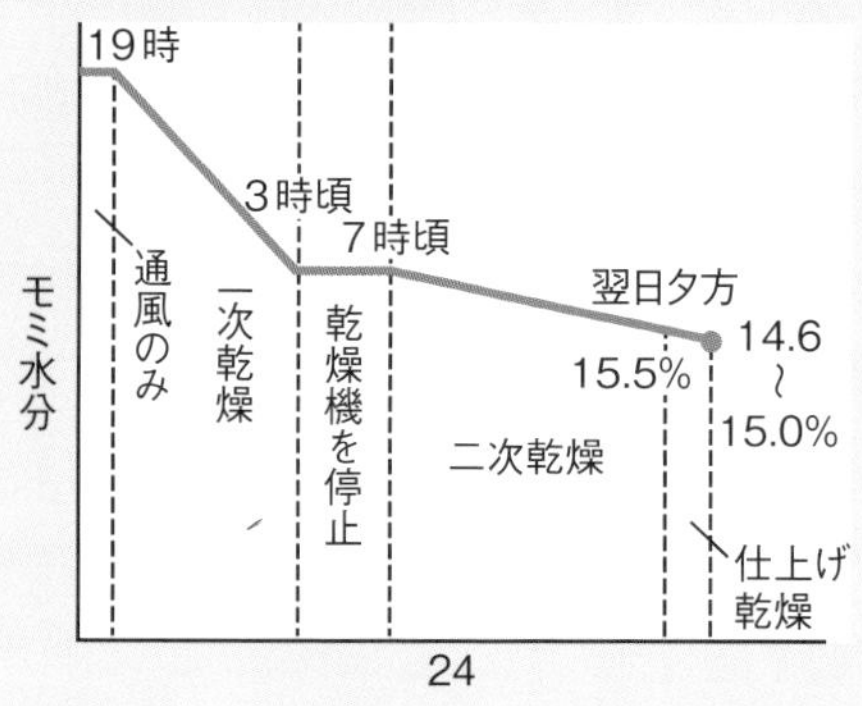

筆者の送風温度の下げ方

- コンピューターの設定から基本温度設定を下げる。
- ダイヤルやプログラムがセットされたカードで、種子モードなど発芽率を下げない設定にする。
- 穀物量ダイヤルの値を下げる。

筆者の乾燥機周り

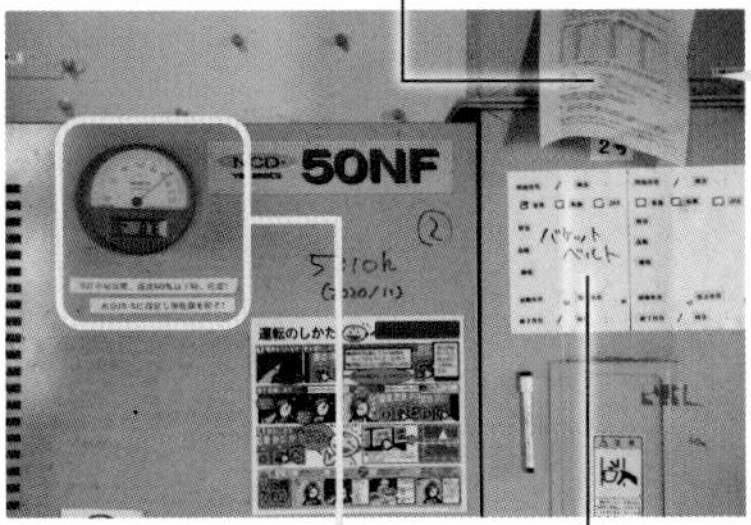

乾燥マニュアル
筆者作成。スタッフで共有するために貼っている

メモ用のボード
品種や乾燥のスタート時間、初期の水分などを書き入れる

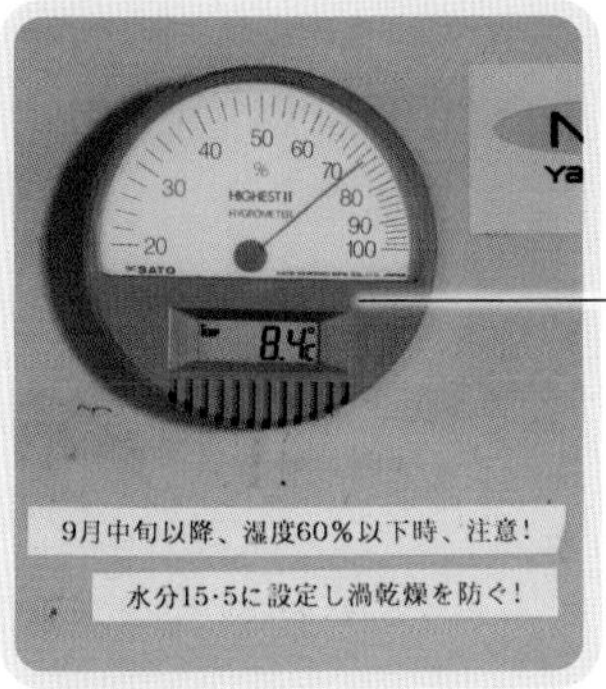

温湿度計
信頼のおける機種を選んだ。外湿度はひんぱんにチェックする

二段目の乾燥開始前の状態。乾燥機の水分計は実際の値から0.5%ほど外れることがあるので、過乾燥を防ぐために15.5%に設定している

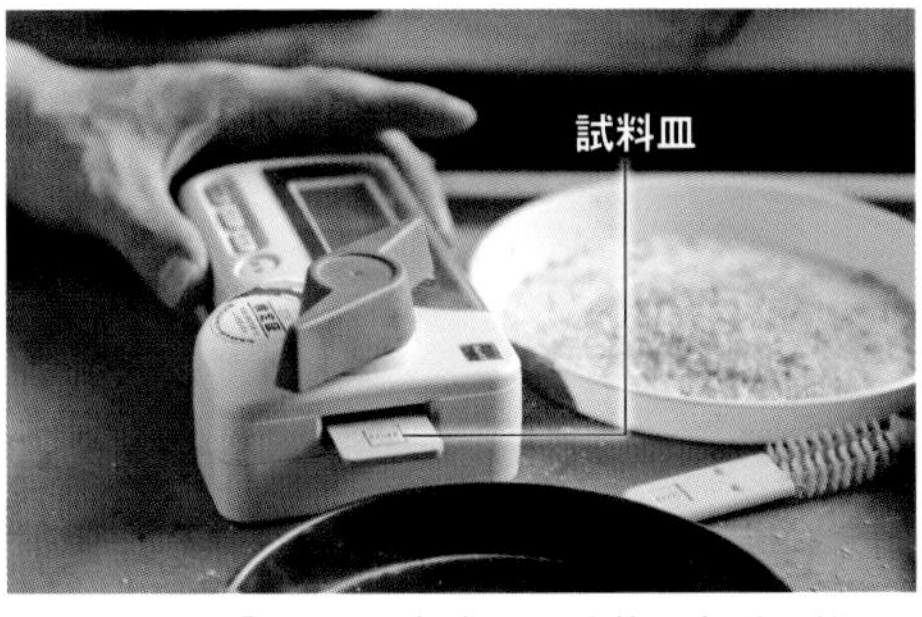

穀粒水分計「ライスタf」（ケット科学研究所、約5万円）。複数の玄米を試料皿に載せて挿し込み、レバーを回すと水分が表示される。写真は筆者のものではない（Y）

筆者の乾燥マニュアルの一部
（乾燥機に貼り付けている）

■乾燥温度の注意点（湿度60％以下は注意）

とくに50％以下の場合、穀物量の設定を実際より「1.5」石以上少なくし、送風温度を下げて乾燥速度を落とし、胴割れや品質劣化に注意する。

■二段目の乾燥～仕上げ乾燥の注意点

1. 二段目の乾燥の設定

乾燥終了時の手動水分計の値とモミすり時の水分計の値が0.5％前後ずれることがある。そのため、過乾燥を防ぐために乾燥機の設定は15.5％にして乾燥する。

2. 二段目の乾燥終了時の水分確認

乾燥機が自動停止したら、サンプル用の手動モミすり器で玄米にする。極端に青い米粒は除去し、水分計の試料皿がまんべんなく埋まるように、かつ重ならないよう入れる。2種類の水分計でそれぞれ2回測り、4回の平均値を出す。

＊手で触れたり、息をかけると正しく測れないので注意。

3. 仕上げ乾燥スタート時の設定値早見表

例	乾燥機停止時の表示値	手動水分計の平均値	再乾燥時の設定値
1	15.5	15.5	14.8
2	15.5	15.3	15.0
3	15.5	15.1	15.2
4	15.5	14.9	15.4
5	15.4	15.4	14.8
6	15.4	15.2	15.0
7	15.4	15.0	15.2
8	15.3	15.3	14.8
9	15.3	15.1	15.0
10	15.2	15.2	14.8
11	15.2	15.0	15.0

※単位は％

＊編集部注：乾燥機の水分表示の誤差による過乾燥防止のための表。手持ちの水分計のほうが高い場合は、過乾燥のリスクが低いので除いてある。乾燥機停止時の表示数値が15.5％で、手で測った平均値も15.5％の場合（例1）は、乾燥機の水分計に誤差がないと判断。停止水分14.8％で仕上げ乾燥をスタートする。目標仕上げ水分は14.6～15.0％。

4. 水分の最終確認

再スタート後自動停止時にも、再度2台の手動水分計で測り、すべて15.0％以下になるか確認する。1回でも15.1％以上となれば、水分設定値を同じままで再度乾燥させる。

使って合計4回玄米水分を確認し、本仕上げの再乾燥をスタートします。本仕上げ時の目標水分は14・6〜15・0%としています（45ページ）。

以上、通常だと正午から18時頃までに①通風をスタートし、19時頃までには②一段目を開始。開始時刻に関係なく3時頃から③テンパリングに入り、遅くとも翌日の夕方を目途に④二段目を終えます。朝までには乾燥を終え、午前中にモミすり……という人が多いと思いますが、僕は2日後にモミすりできればいいという考えです。

湿度50％以下の乾いているときには温度をさらに下げる

さて、お米に負担をかけない乾燥のためには、僕は「外湿度」がとても重要な要素だと思っています。

最新機種の乾燥機には、湿度センサーを搭載し、外湿度に応じて温度を制御してくれるものもあるようです。しかし、こうした機能はつい最近登場したもので、僕がメインで使う6台（その他、風だけ乾燥専用機が1台）の乾燥機にはついていません。

晩秋になると外気温が下がり、かつ湿度が50％を下回る日が多くなります。この乾いた環境下でいつも通りの送風温度に設定すると、お米を急激な乾燥にさらすことになり、大きなストレスを与えてしまいます。そんなリスクのある中、湿度を測らずに乾燥する――これって、ヘッドライトが壊れた車で夜道を走るようなものです。

僕の場合、乾燥機周りに湿度計を常備。外湿度が50％を下回る日には、通風温度を普段よりもさらに5℃程度低い設定に変更します。また、乾燥機の機種によってはタイマー機能を生かし、2時間稼働・2時間休み（もしくは30分間稼働・30分間休み）を繰り返す設定にして、時間をかけて仕上げています。こうした対応のためにも、湿度計は乾燥機の必需品なんです。

さらにじっくりの、風だけ乾燥

二段乾燥にも増して、より自然にじっくり乾かすために、僕が最高級のお米（無施肥・無農薬米）で取り入れているのが「風だけ乾燥」です。乾燥機1台を専用機として充て、収穫した生モミを、一切の火を入れずに送風循環だけで乾燥しています。

稲作元来のモミ乾燥法といえば、自然乾燥のはざ掛け米ですよね。僕も当初、この方法を考えました。でも、はざ掛けが主流だった頃と今とでは、条件が違うことに気が付いたんです。ここ近畿では、本来の収穫・乾燥の季節は11月でした。雨が少なく気温も下がり、乾いた風が吹く季節です。

ところが、品種や作業体系の変化のために、今では遅い人でも10月中には収穫を終えてしまいます。この時期に屋外ではざ掛けすると、干された稲穂には強い日光が直撃。温暖化も相まって、高温による胴割れの心配があります。それに、秋雨前線による降雨にさらされるのも嬉しくないですね。

風だけ乾燥で2日で終わることも

その点、風だけ乾燥は日光や雨の影響を受けません。ただし、僕の地域は秋にびわ湖からの風で高湿度になりやすく、外湿度に依存する風だけ乾燥は不利といわれていました。でも、数十年実施する中で、湿度50％だとガンガン乾くし、湿度60％でも仕上げ乾燥ま

筆者が「風だけ乾燥」を取り入れている最高級のお米（無施肥・無農薬米）の田んぼ

できることがわかってきました。秋雨前線が去ってしまえば、２日余りで仕上がる場合もあります。

乾燥機に余裕ができてくると、通常の乾燥機でも風だけで乾燥することがあります。風だけ乾燥の特徴は、穀物から水分を奪う際の気化熱で、常温よりも穀物温度が下がること。熱によるストレスがないので、長期保存など品質の維持に大きく貢献します。

風だけ乾燥にこだわらなくとも、低温でじっくり乾燥したお米なら、お米屋さんの反応もいい。「梅雨以降に販売するお米」として、米蔵の奥で保存してくれています。

（滋賀県野洲市）

収穫時期の見定めも重要

極端な早刈りや刈り遅れも、乾燥の仕上がりに大きく影響する。筆者は標準的な株の穂を並べ、青味モミ率（青いモミの割合）を見て収穫時期を判断する。９月上旬頃までは青味モミ率15%、９月中下旬頃は10～15%、10月頃は10%前後だと収穫適期。より簡易に、親茎の穂の一番先のモミが胴割れしないギリギリの時期を、目安とすることもある。

自然乾燥でラクにムラなく仕上げたい

8haで効率よく杭掛け

宮城●及川正喜

細くて軽い杭を使う

15年前、43歳で会社を退社して実家に戻り、30ａで稲作を始めました。実家には以前使っていたトラクタやバインダー、ハーベスタなど、イネつくりの機材一式があったので、自分もそのまま使わせてもらいました。

当時でも自然乾燥は稀になっていましたが、コンバインを導入しようという考えはまったく頭に浮かびませんでした。私にとってのイネつくりは、子供の頃に見ていた「杭掛け」での自然乾燥スタイルだったのです。

杭掛けで肝心な杭ですが、実家にあったのは少量で、その他は近所の農家からもらってきたり、足りなければ新聞の折り込みチラシで集めました。使わなくなった杭が、納屋の場所ふさぎになっている農家はたくさんあり、予想以上の反応。たくさん集まり置き場所がなく、断ることもありました。

昔の豪農ほど多くのワラを掛けられるよう、太くて立派な杭を持っていますが、当農園が掛ける稲束は台風対策のため少なめ。立てたり運んだりする手間を考えると、細くて軽い杭のほうが重宝します。

台風のときは下杭を風下向きに

現在は11・5haで有機稲作をし、うち8haが杭掛けでの自然乾燥です。秋作業は自分も含め、常時8～10人ほどでこなしています。

初めの4～5年、面積で3haくらいまでは、オーソドックスな方法で収穫していましたが、面積が増えるに従って、効率化しなければ作業をこなせなくなっていきました。しかし、前近代的農業といえる自然乾燥では効率化を追求した機械がなく、自分でやり方を考えたり機械を改造したりして、徐々に現在の方法に移行してきました。

当地、宮城県北部は秋の気候が安定し、晴れ間も多く、栗駒おろしの風も吹くため、自然乾燥には恵まれた地域といえます。全国的には非常に稀ですが、少なくない農家が自然乾燥を続けており、10月になると杭掛け風景があちこちで見られます。

しかし、いくら恵まれているといっても自然まかせはリスクが付きものです。自然乾燥は「乾きにくい」というイメージがあると思いますが、ここ数

筆者（58歳）。「有機農園ファーミン」の名前で、すべての米を有機無農薬で栽培。ほとんどの米をインターネット販売

年は気温の上昇などにより、短期間でも乾きすぎる現象が続いています。

脱穀時の玄米水分の理想は15・5～16％ですが（モミ保管中に水分が下がるため）、時期によっては乾燥2週間で14％を切ることもあります。水分が多い場合は待てばよいのですが、乾燥しすぎるとそうはいきません。一度乾燥してから雨が降ると、水分がまた上昇する、これを何度か繰り返すと、胴割れ米になってしまいます。そのため、過乾燥になりそうなときは、朝露を期待して早朝3時くらいから脱穀することもあります。

最近は台風も増えてきました。刈り取り後まもなく強風に吹かれると、モミが重いため杭を倒される危険があります。杭掛けの際は台風情報に留意して、近くを通りそうな時には、進路予想から最強の風の向きを推測。下杭が風下を向くように杭を作ります（太平洋に抜けそうな台風なら下杭は西、日本海側を行く台風なら東……など）。以前は100本ほど倒され2日がかりで直したことがありましたが、これをするようになってから、倒れることがずいぶん少なくなりました。

杭掛けとはざ掛け

杭掛けは棒掛けともいい、竿や杭などの資材が少なくてすむが、地面に近い位置にも掛けるので風通りのよいところでないと乾きにくいといわれる。はざ（稲架）掛けは高い位置に掛けるので雨の多いところでもやれるが、資材が数多く必要となる。（編集部）

干している間も転流が続く

自然乾燥のメリットは、自己評価になりますが、甘みが増したり、味の乗りがよくなることです。粒も大きめになるため、収量も上がります。

これは、刈り取り後すぐに乾燥させるコンバイン刈りと異なり、杭掛け自然乾燥では刈り取り後しばらくの間、茎に残った水分や栄養が玄米に蓄えられるからといわれています。

また、熱をあまりかけないので、モミの発芽率がとてもいい。これは、私のように自家採種が基本の有機JAS農家にとって理想的です。

当農園ではほとんどの米をインターネットで販売しており、お客さんの評

「杭掛け」したイネが並ぶ筆者の田んぼ。10a当たり25～30本ほど杭を立てる。長い竿を使う「はざ掛け」より設置は簡単だが、日が全体に当たりにくく、風の強い土地でないと乾きにくい

判もよく、多くの方々にリピートしてもらっています。その人気ゆえに、天日干し米は慢性的に不足気味。在庫がなくなり、コンバイン刈りした米をお送りすると、「これもおいしいのですが、やはり天日干しのほうが好きです」と言われることもあります。

価格的には天日干し米とコンバイン刈り（どちらも有機無農薬）では5kg当たり200円ほどしか差がありません。手間のかかる天日干し米だったら、もっと高くていいんじゃない？　と言われることもありますが、始めたときから天日干し米だったため、「付加価値を付ける」という発想はなく、逆にコンバイン刈りのほうを値引きして販売している感じになっています。

これから、さらに画期的な効率化を図れなかった場合、自然乾燥は現在の8haくらいが上限かと思っています。作業が一時期に集中するため、人員的に適期収穫が困難になること、機材の入手が難しくなることが予想されるためです。米の需要はありますので、コンバイン刈りで面積を増やそうかと思います。

（宮城県登米市）

中割り作業
杭を立てる場所をバインダーで刈り、オーガで地面に穴を開けていく。刈ったイネを運びやすいよう、その後の刈り取りコースを考えて穴を配置する

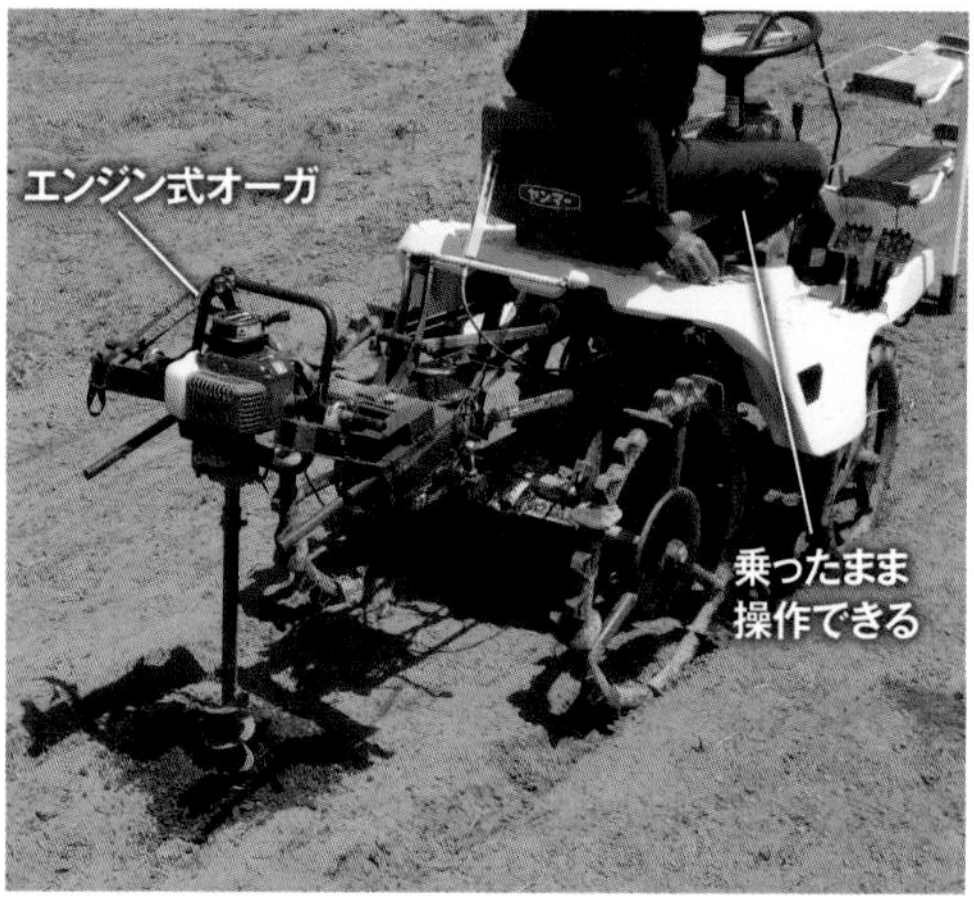

杭穴開け
改造田植え機で深さ約55cmの穴を開ける。以前は人力でオーガを扱っていたが、抜くのにとても力がいるため腰がやられていた。田植え機なら、全2000本分の穴を掘ってもまったく平気

本刈り
現在はバインダーを自走させ、結束された稲束を並走する運搬車に投げて積む

乾燥

筆者の杭掛け作業

作業名	方 法	農 具
刈り取り・杭立て		
中割り	杭を立てる部分を刈る	バインダー
杭穴開け	改造田植え機の油圧を利用。穴の数は約2000	エンジン式オーガ付き田植え機
杭運び	運搬車で小杭と共に運搬	運搬車
杭立て	穴より太い杭を使わないことでスムーズに立てる	なし
小杭縛り	下杭1本+中杭3本を縛るグループと、下造り（ワラを積む土台を作る作業）グループに分けての流れ作業	なし
本刈り	バインダーを自走させ、出てきた束を杭近くに投げる（杭近くの場合）、またはバインダーの横に運搬車を並走させ順次積み込む。運搬車は複数台のピストン運行で、連続的に刈り続ける（右ページ下写真）	バインダー1～2台、運搬車3～5台
調 製		
脱穀	ハーベスタのモミ排出口にモミ上げ機を設置し、後ろに配置したフレコンバッグ装着の運搬車にモミを排出	改造ハーベスタ2台、運搬車4台
モミ運搬	運搬車ごと2tトラックに積み込み運搬。フォークリフトでフレコンを下ろし、田に戻る	2tトラック
ワラ梱包	梱包機を圃場に持ち込んで利用	PPバンド梱包機
モミ保存	1㎥フレコン袋で保存。就農当初は30kgモミ袋だった	
モミすり	フレコン袋をフォークリフトで吊り、モミを投入。当初は手で投入していた	モミすり機、フォークリフト

※今年の脱穀作業では、ハーベスタの螺旋を延長し、そのままフレコンに落とし込む予定
※今年のモミの運搬では、クレーン付きトラックで運搬車からフレコンを積み込む予定

脱穀
圃場での脱穀作業。改造ハーベスタ2台で作業して効率を上げる。イナワラも販売するので（18年11月号参照）、ワラの梱包作業も同時に進める

杭立てから稲束の掛け方は次ページ

杭のしくみ

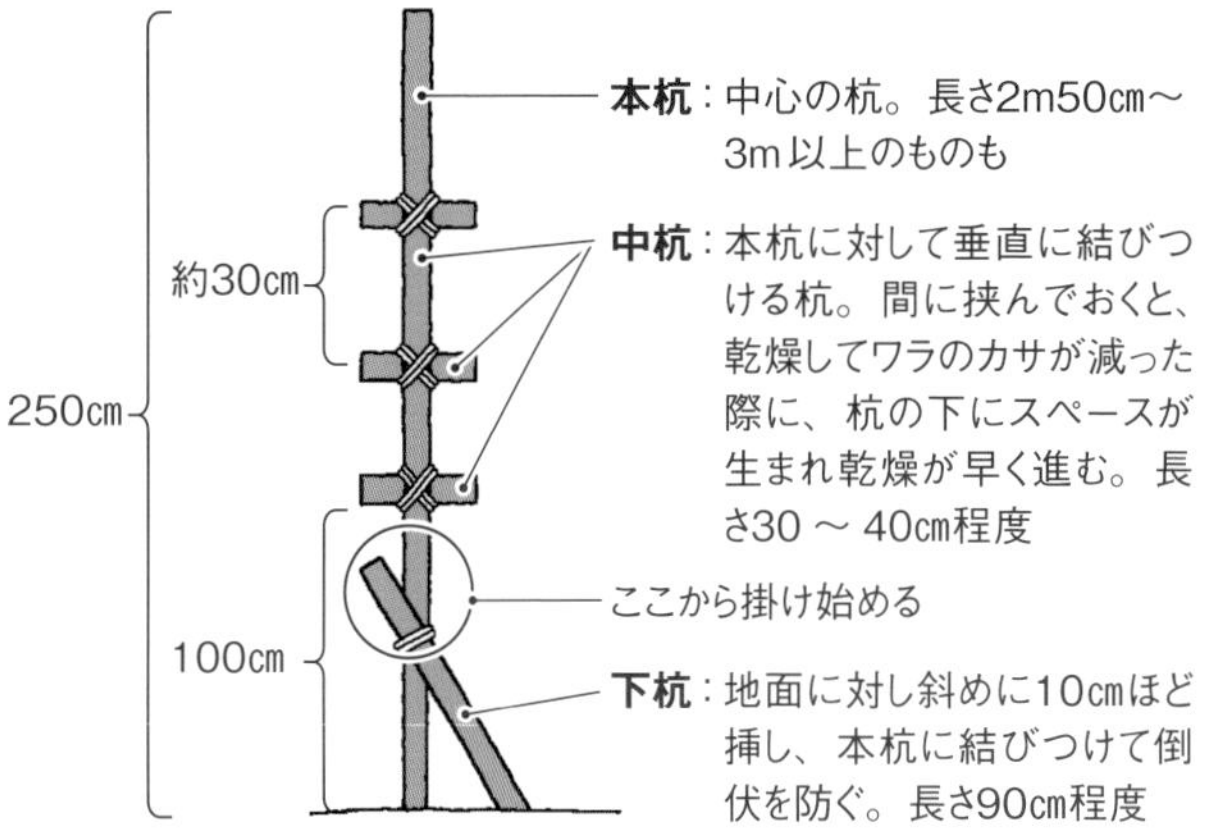

本杭：中心の杭。長さ2m50cm〜3m以上のものも
中杭：本杭に対して垂直に結びつける杭。間に挟んでおくと、乾燥してワラのカサが減った際に、杭の下にスペースが生まれ乾燥が早く進む。長さ30 〜 40cm程度
ここから掛け始める
下杭：地面に対し斜めに10cmほど挿し、本杭に結びつけて倒伏を防ぐ。長さ90cm程度
約30cm
250cm
100cm

以前は中杭2本だったため、掛け替え（乾燥ムラを直すため、乾燥の途中で束をすべて掛け直す作業）が必要だったが、3本に増やしたことで必要なくなった

本杭の太さは8cm程度で、地上2m弱の高さまで積む（台風対策のため慣行より低め）

筆者の稲束の掛け方

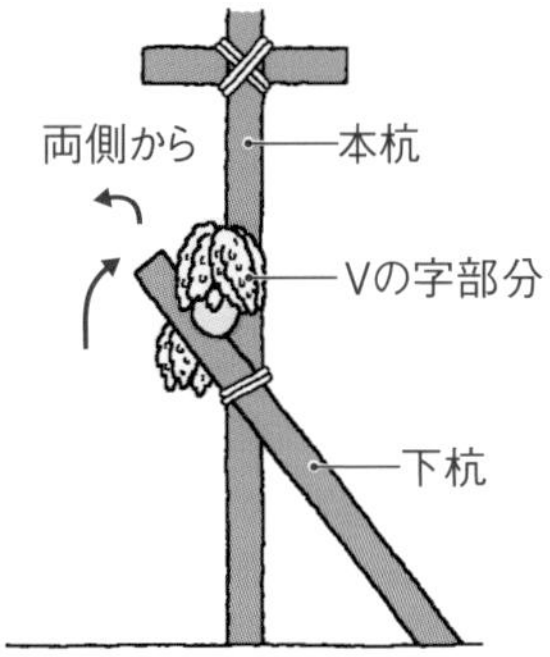

両側から
本杭
Vの字部分
下杭

❶本杭と下杭でレの字になっている部分に両側から2束引っ掛ける。穂が土につかないよう、株元側を長めに垂らす

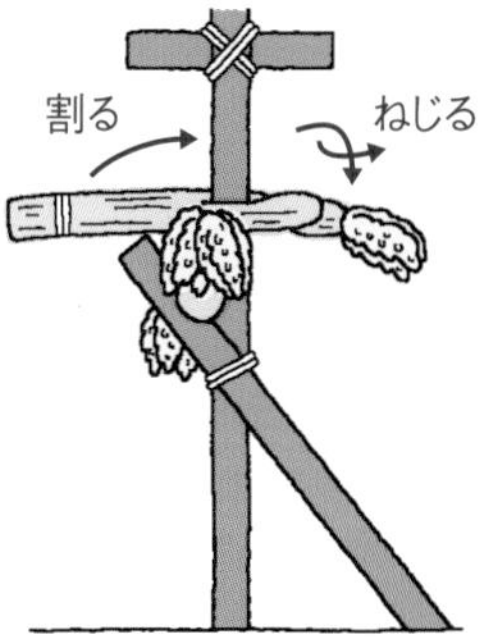

割る
ねじる

❷3束目は前の2束と垂直に。束を割って本杭を挟み、穂側は地面につかないようマフラーのようにねじって短くする

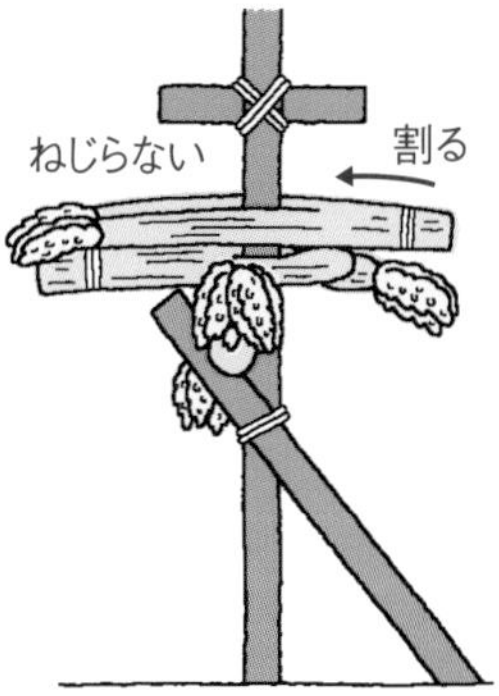

ねじらない
割る

❸4束目は3束目と反対から。同じように束を割って掛けるが、地面に届かないのでねじる必要はない。これで土台が完成（ここまで下造り）

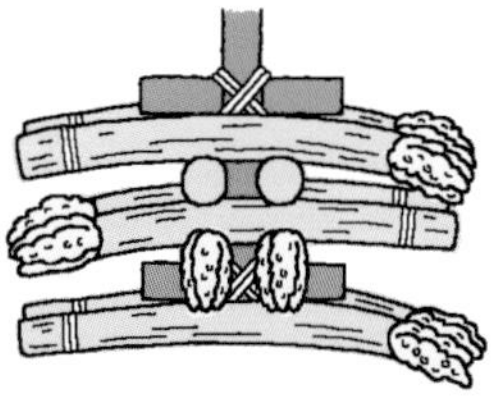

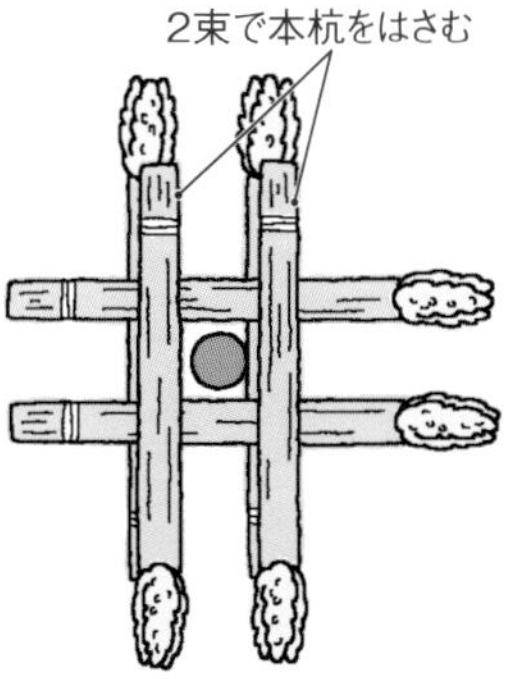

2束で本杭をはさむ

❹2束で本杭を挟むように掛ける（上から見ると井桁型）。中杭と中杭の間に8束ほど掛ける。中杭に達したらその上から同じように井桁で掛ける

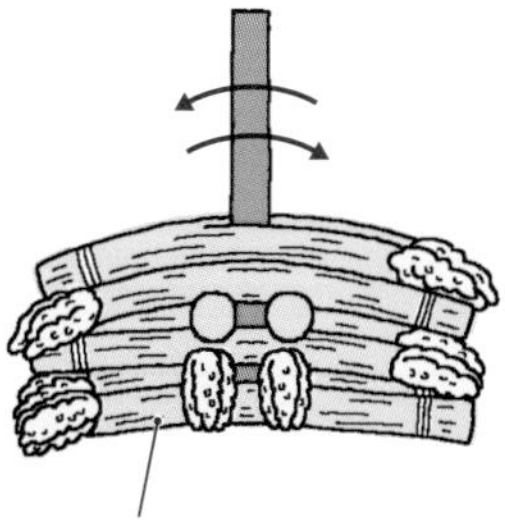

下は井桁

❺一番上は束を割って、本杭を挟むようにして向かい合わせに2束掛ける。これで下が崩れない

均一に乾燥できる くるくる杭掛け

岐阜●吉田正生

ワラは横パイプの上に積み重ねる。杭1本で50～60束（約1a分）掛けられる。1haの田んぼのうち20aのイネをこの方法で乾燥した

杭の設置方法は次ページ

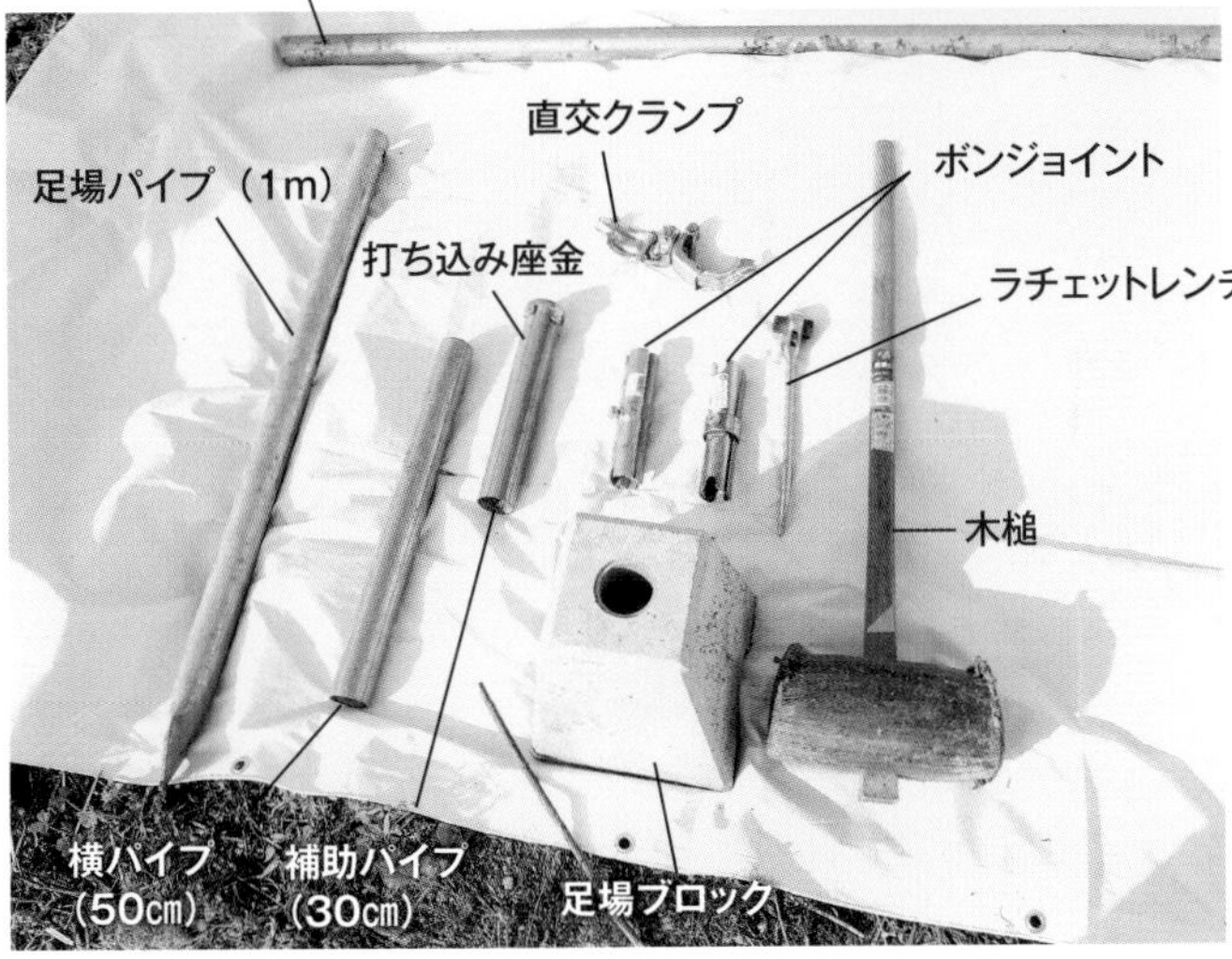

材料と補助具
パイプはすべて単管（48.6㎜径）。材料、補助具ともホームセンターで購入できる。杭1本当たりの材料費は2500円程度

自然乾燥は機械乾燥よりもじっくり乾燥できるメリットがありますが、時間もかかるし、日の当たり方次第では乾燥ムラが出る。台や杭の設置も大変です。そこで私は2年前、設置が簡単で、日照条件に合わせて回転できる杭掛け考案しました。

杭1本に、ワラを50～60束（1a分）掛けることができます。この杭の完成に要する時間は5分くらいで、10本設置しても1時間。機材の運搬も軽トラでラクラクです。ワラ掛けや脱穀の作業、日照条件、風の通り方などを考え、圃場に合わせて配置してください。

天気や乾燥ムラなどに応じて向きを変えれば、乾燥効率が上がり、短い時間で全体が均一に仕上がります。乾燥後には、そのままハーベスタやコンバインを使って脱穀可能。均一に乾燥した自然乾燥米の味わいには、誰しも納得できるはずです。（岐阜県富加町）

杭の設置方法

足場パイプの打ち込み
ブロックで足場パイプを支える。足場パイプを直接叩くと打ち込み部が変形するため、ボンジョイントで座金付きの補助パイプをつなぎ、木槌で深さ30 ～ 40㎝打ち込む

回転パイプの取り付け
ブロックと補助パイプを抜いて、2mの回転パイプをボンジョイントでつなぐ。ジョイントは緩めに締め、完全には固定しない

横パイプの取り付け
横パイプを直交クランプで回転パイプに固定したら完成

イネを掛けた後、横パイプを動かせば、回転パイプがイネごとくるくる回る

完成！

乾燥

師匠直伝　はざ掛けのコツ

熊本●村上厚介

雄大な阿蘇の山を見渡す棚田を借りて、超疎植1本植え栽培を続けている。2018年は約1haの田んぼをすべて手植え、手除草、手刈り、はざ掛け（依田賢吾撮影、以下も）

熊本市内から阿蘇山麓に

僕は2011年までは熊本市内の街中で暮らしていましたが、3・11の原発事故をきっかけに食と暮らしを見直し、外食やスーパーの惣菜をやめ、玄米菜食を始めました。すると、以前は病弱だった体が、まったく風邪をひかない健康体になりました。

食は心身の健康に大切なことだと実感し、阿蘇北外輪山の麓に位置する菊池市の田舎に引っ越して、「発酵農園ジャー村」という屋号で農園を始めました。米づくりを中心にダイズ、アズキ、ムギ、ソバ、野菜、和綿を育てながら、こうじ、味噌、醤油、たくあん、梅干しなど、発酵食品を手作りしています。将来的には牛や馬と一緒に田畑を耕したり、糸を紡いだり、環境にやさしい自給自足の暮らしを目指していきます。

僕が実践する稲作は、無肥料・無農薬の手植え・手取り除草・手刈り・天日干しで、昔ながらの4品種を条間45cm×株間45cm（坪16株）に1本植えする「超疎植1本植え栽培」です。

筆者（38歳）。水稲1haの他、畑60aでムギ、ダイズ、アズキ、サツマイモなどを育てる。写真のイネはもち米の緑米

1・6ha手刈りではざ掛け

10月になると、いよいよイネ刈りです。僕にとっては何よりの喜びで、毎年、お米を育てていてよかった、来年も頑張ろうという気持ちになります。

収穫はすべて手刈りで、乾燥ははざ掛けでの天日干しです。合計1・6ha分をこなすので、作業効率を上げるためのいろいろな工夫があります。まずは、イネを刈る鎌。僕はノコギリ鎌ではなく、三日月鎌を使います。よく研いだ三日月鎌だと、力を入れずに1回でざくっと刈ることができます。

このとき根元を刈ろうとすると、腰を低く落とさないといけませんが、少し上を刈るようにすれば、ラクな姿勢で作業できます。

刈り株の上で予備乾燥

刈り取ったイネは、株の大きさによりますが、4~8株ずつまとめて置いていき、あとでイナワラでくくって稲束にします。まず、古くて丈夫なイナワラを5本ほど使い、力を込めて稲束の周りにぐるっと巻いて一重結び。残ったワラの両端を、外側に引っ張りつつグルグルと5回ほど反時計回りに回すと、真ん中（回した軸部分）に固まりができてきます。最後はこの固まり部分をつまみ、やはり反時計回りに捻って、よりきつく、玉のようにして留める。慣れたらひと束5秒ほどで結べるようになります。

晴れの日が続く場合には、くくった稲束をすぐに掛けずに、1~2日ほど刈り株の上に置いて干しておきます。稲束が乾燥して軽くなり、大きさも縮むので、はざ掛け台が倒れにくくなり、すぐに干した場合と比べて1・5倍ほど多く掛けられるようです。

支柱は竹を使って作る

はざ掛け台は、竹を組んで作っています。脚になる部分は、組むときに結ぶヒモ（マイカー線）が少なくていいように細い真竹を使い、横に渡す竿部分は、イネの重さで折れないように太い孟宗竹を使っています。

この台にイネを干すときは、稲束ひと束を7対3の割合に割り、この7と3が交互になるように掛けていく。7の束の下に3の束を入れ込むように干すと、落ちにくくなってたくさん干すことができます。

このとき、なるべくたくさん干せるようにと、稲束を押して詰めるのですが、押すたびに台が少しずつ傾いて、すべて掛け終わってから倒れてしまうことがあります。こうなったら大変です。そこで、稲束を押すときには、束の掛かった孟宗竹を脇で挟んで、動かないように固定します。台が高いときは、孟宗竹を手でつかんで逆方向に引きながら押すとうまくいきます。

僕にとって、幸せな時間

イネ刈りやはざ掛けのやり方は、すべて超疎植1本植えの師匠、本田謙二さんにご指導いただきました。天日干ししたお米は、太陽の光でじっくり乾くだけでなく、干している間、イネに残っている養分と旨みを吸収します。

ひと粒の種モミから育ち、太陽と水と土の力で大きく実った稲穂を見ていると、自然の恵みに生かされていると実感します。その1株1株を手刈りし、はざ掛けするのは、僕にとって幸せな時間です。

（熊本県菊池市）

刈り株の上で予備乾燥

結ぶのには昨年のワラを使う。葉を取って、水に浸してしならせてある。ポイントは、最後に玉のようにぐるっとよじって留めること。ワラの端を稲束の間に押し込んで留める方法より、指が痛くなりにくい

束にしてくくったら、写真のように1～2日予備乾燥する。このとき上を向いている部分が、後で掛けるときの「3」側となる（下写真参照）

7mほどの孟宗竹を脚にのせて1セットが完成。多くの場合、孟宗竹の先端部分を重ねるようにもう1セット（7m）を設置し、14mにする

はざ掛けでの自然乾燥

はざ掛け台の脚となる真竹を設置する。倒れないよう、最初に木槌で土に打ち込み、上部をマイカー線で結んでいく

1つ前の稲束は
7のボリュームが
こちら側

稲束を割って、横竿に掛ける。このとき、3：7のボリュームになるように割る

稲束を掛けたら、1つ前の7のボリュームの稲束の下に、今回掛けた3のボリュームの稲束を入れ込む。イネがそれぞれ押さえ合って、乾燥中に崩れにくくなる

自然乾燥のイナワラが売れる❶
畳床にも工芸品にも

宮城●及川正喜

12年前に脱サラして新規就農。有機JASを取得し、有機無農薬栽培を続けています。現在8・3haに作付けし、うち7・3haでは、昔ながらの天日干しで米を乾かしています。

農閑期の副収入だった縄ない

私が子供の頃、この地方ではほとんどの米農家が天日乾燥をしていました。脱穀後には、乾燥したイナワラのほとんどを圃場から持ち出していました。用途はいろいろとあったと思います。畳床、家畜の飼料や敷料、縄ない用……とくにこの地方では、農閑期の副収入に縄ないを行なっていた農家がたくさんいました。

わが家でも、親父がワラを買ってきて縄をなったり、縄仕上げをしたりしていました。私も秋になるとトラックでワラ集めをするのに同行し、手伝いました。

私は高校卒業と同時に上京し、農業とは関係のない職に就きました。しばらくぶりに帰郷・就農した時には、親は縄ないをやっていなかったので、イナワラの使い道はなし。新たにワラ販売先を探さなければいけませんでした。初めは親の紹介や電話帳で探したりして、小規模な収集業者に販売していましたが、現在はほとんどのワラを石巻の畳屋「和楽」さんに出荷しています。

出荷するのは天日乾燥イネのワラ

出荷しているワラは天日干ししている7・3ha分全量です。親の仕事を見ていましたので、以前から結構高い値段で売れることは知っていました。バインダー刈りのワラは、脱穀して田に還すのに著しく手間がかかりますが、出荷には最適です。

私の地域でも、現在バインダーでの刈り取りや天日干しは、ごく限られた面積でしか行なわれていません。そんな中、私が今もこの方法にこだわっているのは、なにもワラの販売のためではありません。米は刈り取られた後も茎につながっていると登熟を続け、乾燥中に寒気に当たることで甘味を増す

自作の移動梱包機でのワラ梱包作業。クローラで動くため、圃場のどこでも作業できる。バインダーで約10束ずつ結束したワラを、3つずつPPバンドで梱包する

といわれていますし、自分でもそう感じるからです。また、就農時に高額な設備投資をせず、中古で安く買えるバインダーとハーベスタで始めたからという事情もあります。

もちろん、ワラは田に還元すればいい有機資材になることは知っているので、コンバインで刈り取っている1ha分は圃場に全量還元しています。将来的に栽培面積が増えれば、その分はコンバイン刈りとし、一定割合を圃場に還元したいと思っています。

バインダーでの刈り取り。結束されたイナワラは、順次杭へと掛けていく

ハーベスタ2台&自作の移動式梱包機で一気に梱包

あくまで副産物のワラですが、7ha分ともなれば大事な収入源です。収穫時にヒエなどが混じってしまったら、杭掛けした後で抜いておき、商品価値が下がらないよう気をつけています。

杭掛けして3週間ほどすると、モミとイネとが乾くので、田の中でハーベスタによる脱穀作業を行ないます。脱穀後のワラはハーベスタで10束ほどに結束し、それをさらに自作の移動梱包機で3つずつPPバンドで梱包します。秋は天気が変わりやすいため、晴れているうちに一気に進めなければなりません。そこで、ハーベスタ2台態勢で、シルバーさんたちにも手伝ってもらい、8人ほどで作業しています。

ハーベスタ2台態勢でのモミすり作業。脱穀したワラを順次梱包していく

梱包したワラは、田の中の数カ所に集めておいて、業者に運んでいってもらいます。ワラは濡れたら商品になりません。少量の場合はブルーシートを掛けておけばいいのですが、7ha分となるとそうもいかないので、出し手と受け手のスケジュールを調整し、タイミングを合わせることが大切です。

無農薬ワラには大きな需要がある

出荷先の和楽さんとは10年来のお付き合いです。大量のワラを引き受けてくれて、スケジュールの対応も柔軟ですし、田の中まで入って集めてくれるので助かります。有機栽培米のワラなので、高く評価してもらえているのだと思います。価格も少し上乗せしてもらい、10a分当たり1万2000円での出荷です。ワラの量が少ない場合は金額を調整してもらっています。

ワラは「無農薬栽培稲わら畳床」の材料として使っていただいているほか、園芸用や工芸品用などとして、販売もされています。「無農薬ワラ」の利点を活かしてもらえることが嬉しいです。

最近では、カツオのタタキ用として、飲食店からの注文が結構あるそうです。これには驚きました。全国的にワラの供給が減っていますが、無農薬ワラには需要が確かにあります。

私自身、家庭菜園用の無農薬ワラとして、ネットで直販したこともありました。それなりに反応もあったのですが、本業の米に精力を注いだほうがいいと思い直し、現在直販はしておりません。

場合によって、田んぼの厄介者と思われることもあるワラですが、田から出る最大の副産物です。ワラ焼きなどせず、圃場還元に出荷にと、これからも有効に活用していきたいと思います。

（宮城県登米市）

自然乾燥のイナワラが売れる❷

野菜のマルチにペットのケージに

新潟●茂野繁実さん

茂野さんのイナワラ。長さは120cmほど。モミガラ用のビニール袋（70×150cm）に入れて配達する

米を売るならついでにワラも

建材屋をやりながら、約2haの田んぼでコシヒカリをつくる茂野繁実さん。3年前からは、米の販路を広げようと、インターネットの通販サイト「幸雪《みゆき》屋《や》」（楽天市場）を開いた。そのとき、どうせなら、と持て余していたイナワラも売り始めた。

茂野さんのイナワラは、バインダーで収穫後7～10日間はざ掛けして天日乾燥し、脱穀後は納屋の天井裏で保管した長ワラだ。発送中にカビが生えるのを防ぐため、よく乾かす。

イナワラは20～22束（6kg）に束ねて、ホームセンターで買ったモミガラ用の袋を被せてヒモで縛り、宅配便で送る。値段は１８００円（送料込み、離島はプラス５００円）。

お客さんは町の人が多い

お客さんは、周りに農家のいない、町場の人が多い。ホームセンターにもう少し安いイナワラが売っているが、ほとんどが中国産。それに、ガサがあるから持って帰るのも面倒だ。通販なら自宅に届くから、パソコンに慣れている人はネットのほうが気軽らしい。

イナワラは敷きワラに使う人が多いようで、夏野菜の定植時期にドサッと売れる。中には、ウサギやハムスターのケージに敷く人もいる。

町の人だから、1人でたくさん買う人はいない。でも、リピーターになってくれる人は多く、注文は年々増えている。昨年は10a分４５０kgほどを用意したが、今年の7月には完売。今年のはもう少し多めにするつもりだ。

国産のイナワラを欲しがる町の人はまだたくさんいる。

PART 3

モミすり名人になる

モミの混入をなくしたい

サトちゃんが伝授

モミすりスピードを上げる「神の手」

福島●佐藤次幸さん

サトちゃんと愛用のモミすり機（サタケ、グルメマスターGP450、4インチ）（依田賢吾撮影、以下Yも）
（背景写真は倉持正実撮影、以下Kも）

耕作くん
Uターン就農で10年。サトちゃんに稲作を学んだが、相変わらず失敗が多い

24ページでサトちゃんと一緒に乾燥機を掃除しながら、その構造を知った耕作くん。今度はモミすりマスターになるべく、モミすり機の上手な使い方を教えてもらいにやって来た。

「モミすり機ってのはすごいもんで、機能を理解して調整すれば、驚異的に効率がよくなるんだ。若い頃の話だけど、万石《まんごく》式の機械でやってた時代にヤンマーお抱えの調整士がいたんだよ、70歳くらいの人だったかな。うちらがいろいろいじっても全然うまくいかねーのに、その人がやって来て、万石の角度やゴムロールの絞り具合をちょっと微調整すると、みごとに流れがよくなり、モミと玄米が分離する。もう、神の手だよね。『ちっきしょう、オレもやりてぇー!』って必死にモミすりの勉強をしたんだよね」

へぇー、サトちゃんにもそんな時代があったんだー。

「今日は、モミすりの効率が劇的に変わる方法を教えてやっから。耕作くん、よーく覚えていきなよ」

サトちゃんのモミすり機

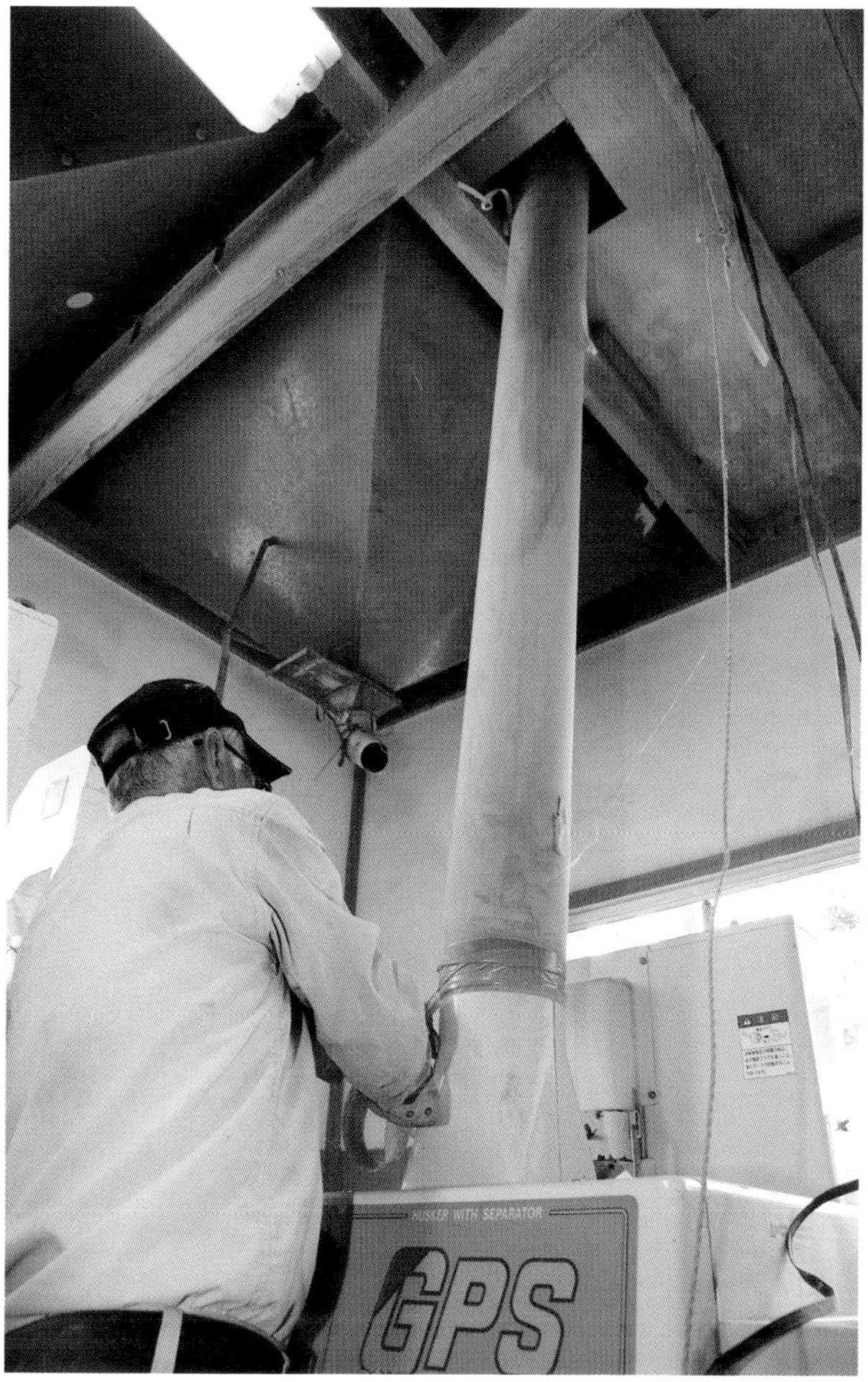

モミすり機から2階の天井まで延びる排風口（Y）

カバーをはずしたモミすり機。
ゴムロール幅4インチ（Y）

「戻り」を減らすと効率がよくなる

苦労して学んだワザを、惜しげもなく教えてくれて……。いつも悪いね、サトちゃん。でもオレ、頭悪いから大丈夫かなー。ていうか、去年聞いた話もすっかり忘れちゃってるよ……。たしか、モミすり機の構造を教えてもらったんだよね。

「あちゃ、そっから説明が必要かー。じゃあ、またこの図（次ページ）を見てよ。モミすり機には三つの工程がある。一つめは脱ぷ部。モミからモミガラを外して玄米にする工程。あとは搬送部と選別部があって、これらを全部まとめてやっちゃうのが、モミすり機。

昔でいえば、臼を使ってモミすりして、唐箕《とうみ》（風選）でモミガラやクズ米を吹き飛ばす。次に万石（篩選）を使って、玄米とモミを選別する。玄米は保管して、モミはもう一度臼に戻す。この作業の繰り返しなわけだ。

で、注目してほしいのは、モミガラがむけずに残ったモミは、もう一度臼（脱ぷ部）に戻してモミすりをし直すってこと。この『戻り』を可能な限り

モミすり機のモミすりのしくみ

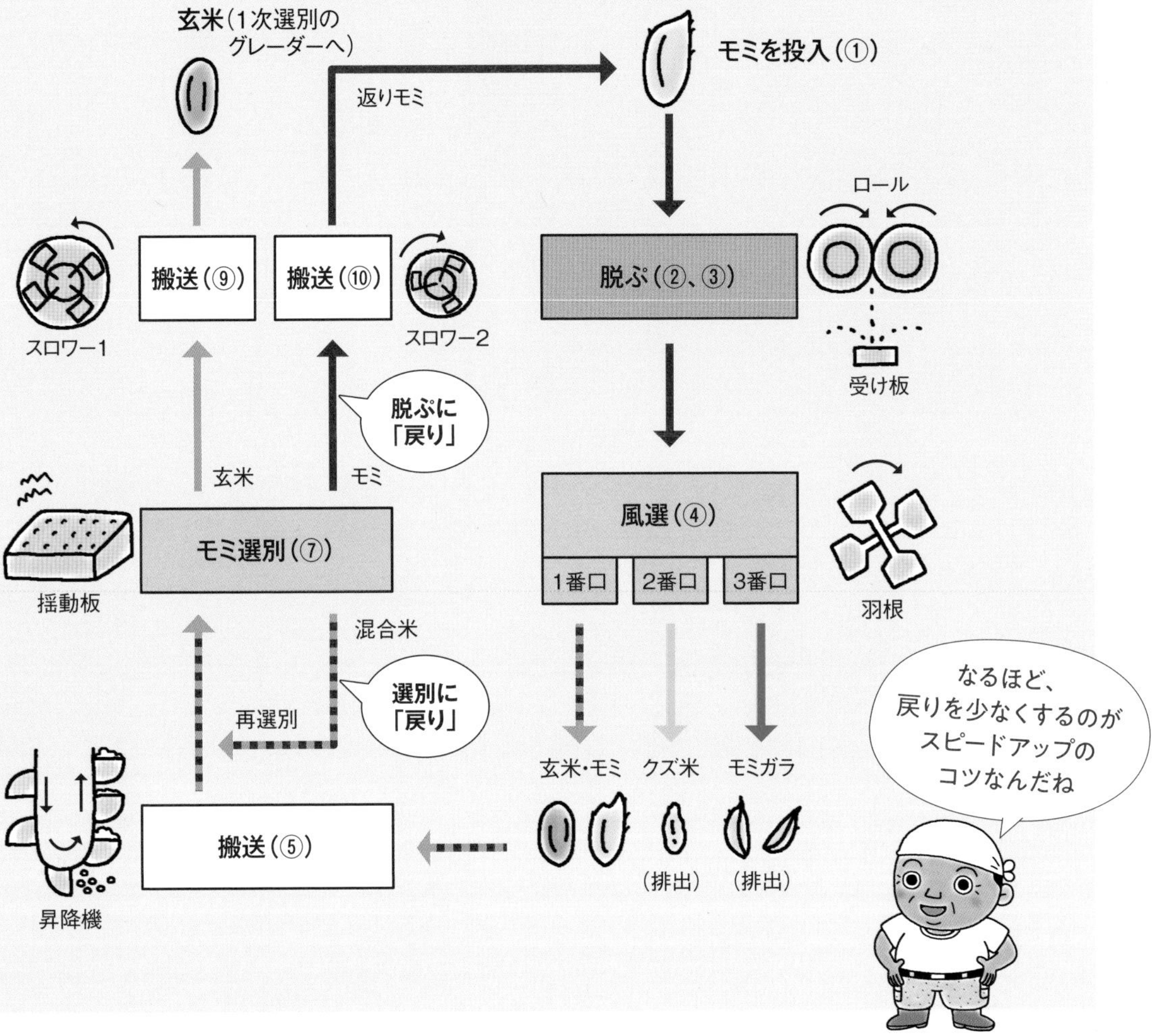

少なくしてやれば、モミすりの効率は改善されるんだ」

なるほど、一発でビシッとむければ「戻り」は少なくなるもんね。

「それともう一つ。選別しきれずにモミと玄米が混ざったままの混合米ってのがある。これももう一度選別に戻されるんだけど、上手に選別して混合米を少なくすれば、もう一つの『戻り』（再選別）が減って、たまげるくらいに効率がアップするよ！」

乾燥終了後の風乾で、モミすり時の肌ずれが減らせる

「ところで、耕作くんは収穫したモミを乾燥機で目標の水分まで落としたら、その次どうする？」

そりゃ、すぐにモミすりの工程に移るでしょ。秋の刈り取りシーズンは忙しいからね。最近はオレも作業受託が増えてきてさー、乾燥機をすぐに空けなきゃ次の刈り取りが遅れちゃうんだよね。刈り遅れで胴割れが多発しても困るしさー。

「今回は栽培の話じゃないけど、うちは堆肥たっぷり入れてっから、胴割れの心配もなく、ゆったりとイネ刈りの

モミすり機の構造

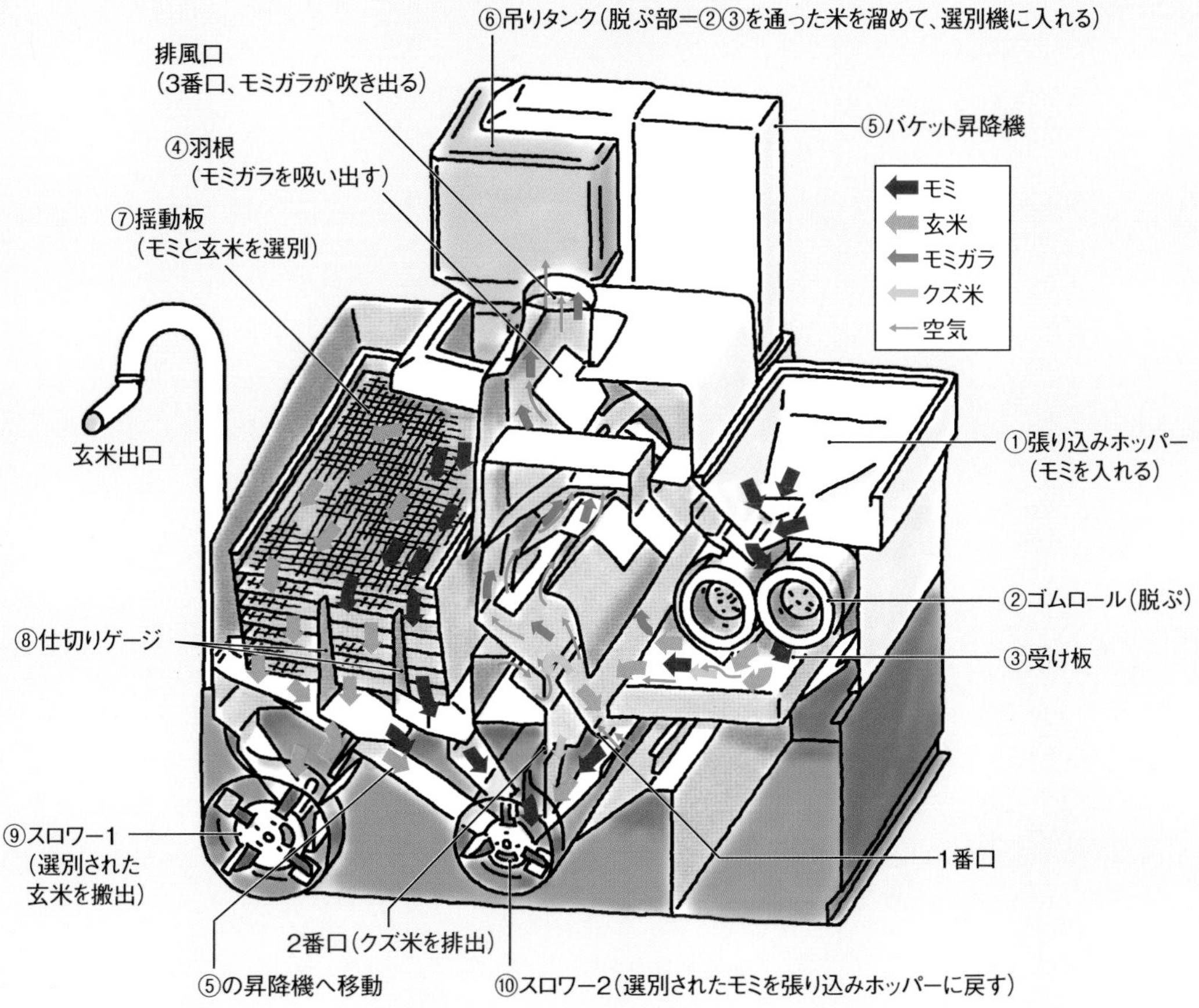

スケジュールを組んでるよ。乾燥直後のモミをそのまま脱ぷすると、肌ずれが起こっちゃうでしょ。モミの中の穀温が高いから、玄米の表面のヌカ層が削れやすくて、保存性や品質が悪くなっちゃう。だから、オレは乾燥が終わって、乾燥機内で1時間くらいはモミを風乾（風を送って循環）させてるよ。モミが満タンなら1時間、半分の量なら30分で1回転する。これだけで穀温は下がるよ。心配なら2回転させてもいい」

へー、そんだけで冷やせるんだー。

モミガラの毛も落ちて脱ぷ率アップ

「もう一つ重要なのが、風乾させると熱のとれたモミ同士がこすれてモミガラの表面の毛が落ちるってこと。うちのタンクの中のモミに手を突っ込んでごらん」

あ、なんかサラサラしてる。

「そう。チクチクしないでしょ。表面の毛が落ちてっからね。乾燥機回すと細かいホコリが出るけど、あれってモミガラの表面の毛なんだよねー。で、毛がついたままだと、モミすり機のゴムロールに通しても、1回でモミガラが外れないことが多くなる。2回目でやっと外れるってパターン。だから、脱ぷ率を上げたいなら、まずは乾燥後に風乾させることが第一なんだよ」

　そっか、オレはモミすり機を使う前から問題ありだったってことか……。

モミすり時間が1分以上短縮

「じゃあ、いよいよこっからが本番。モミすり機の調整法を説明するよ。あっ、その前に『神の手』で仕事の効率がどれだけ変わるか、実際に体感してもらおうか。まずは機械の標準設定で

モミすりのスピード比べ

標準方式

サトちゃん方式

モミすり機から1次選別のグレーダーに排出される玄米を見ると、サトちゃん方式のほうが明らかに排出量が多い（K）

2分36秒。サトちゃん方式よりも1分以上遅れた

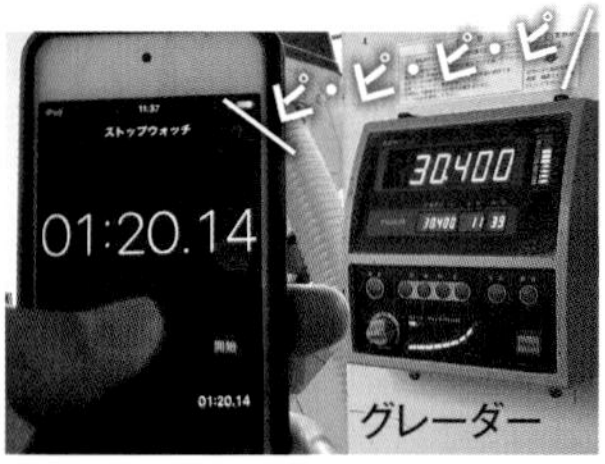

グレーダーから出た玄米が30kg袋に溜まるまでの時間。1分20秒

＊サトちゃん方式では、グレーダー（3次選別）のラセンの回転を標準より速くしている（選別が甘くなる）ので、それもスピードアップに貢献している

やってみよう。グレーダー（自動選別計量機）の表示を見ながら、玄米が30kg溜まるのに、どれだけの時間がかかるのかをストップウォッチで計ってみてよ。じゃあ、始めるよ」

（ピ・ピ・ピ・ピ）〈30kg分溜まったのを告げるグレーダーの音〉

　えっと、2分38秒だね。

（ピ・ピ・ピ・ピ）

　2回めは2分36秒だ。

（ピ・ピ・ピ・ピ）

　3回めは2分37秒。

「耕作くん、どんなスピード感だった？」

　うーん、こんなもんでしょう。モミすりの時間って。うちはもうちょっと時間かかってるかもしれないなー。

「（袋詰めの作業をしてた）紀子さん（サトちゃんの奥さん）はどうだった？」

（紀子さん）「暇だった。ボーッと立ってる時間が長かったねぇ……」

　え!?　そうなんだ。確かに袋のヒモを縛ってから、グレーダーに次の袋をセットしたあとは、立って待ってる時間があるよね。でも、モミすりの袋詰め作業って、そんなもんでしょ？

神の手 その1

揺動板の調整方法

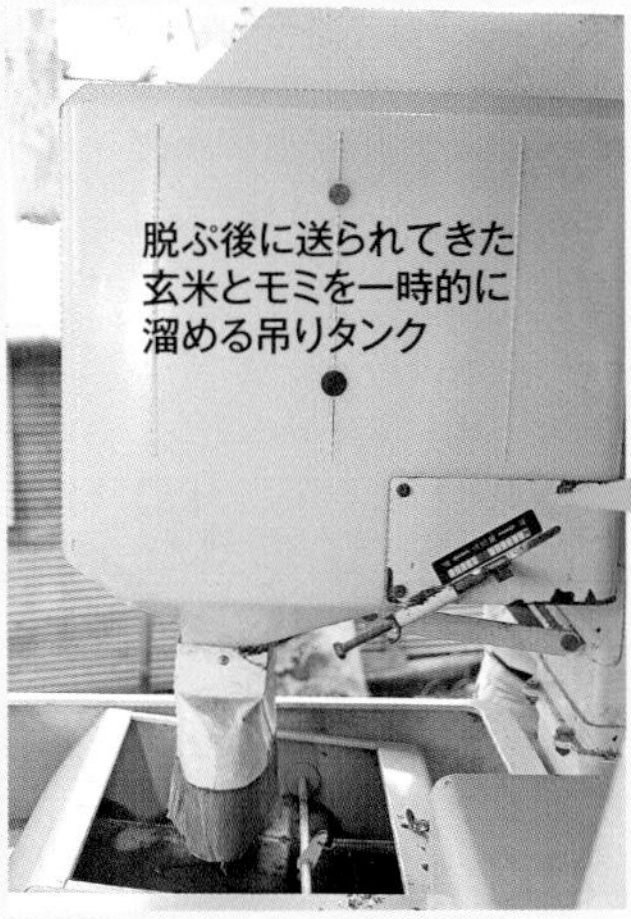

吊りタンク（65ページ図の⑥）にある調整つまみを標準より少し「減」にして、揺動板選別部へ送る量を8割ほどに抑える（Y）

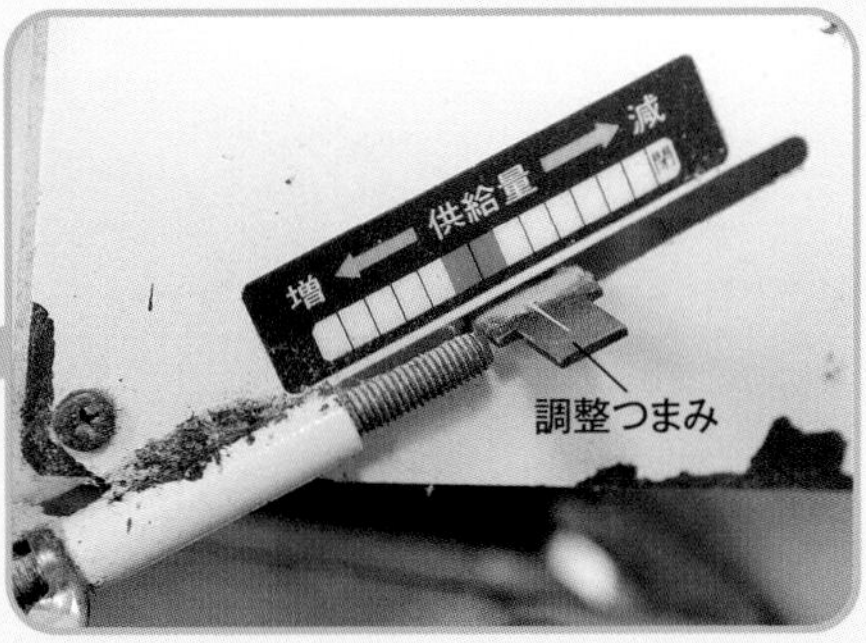

微妙な調整が必要。つまみを右へ動かすと揺動板への供給量が減る（Y）

「じゃあ、今度は『神の手』を加えてみるよ。耕作くん、ちゃんと時間計っといてよー」

（ピ・ピ・ピ・ピ）

あ、1分20秒で終わった。

（ピ・ピ・ピ・ピ）

2回めは1分21秒！　こんなに違うの？　1分以上短縮したじゃん。紀子さんもボーッと休んでる時間がなかったような……。

（紀子さん）「うん、これでちょうどいい。いつものペースだねぇ」

たしかにこれは「神の手」かもね。サトちゃん、いったい何やったの？

まずはモミの供給量を腹八分目に

「じゃあ、ちょっと難しくなるけど、図（65ページ）もふり返りながら、一つず説明していこうか。

まずやったのは、揺動板に送られるモミの量を少なくすること（図の⑥吊りタンク）。オレはいつも、標準の8割くらいの量にしてる。そうすると、それに連動してタンクからモミすり機のホッパー（図の①）に供給されるモミの量も少なくなる。つまり、機械に入ってくるモミの量も8割に抑えられるってこと。モミの供給量が減れば、機械のモーターへの負担も減るでしょ。そこで裏ワザ的に、モーターの余力分を使って、ゴムロールの絞りをきつくしてるんだ（70ページ注）。そうすると、ふつうは80～85％っていわれる脱ぷ率が劇的に上がる。測ってみたら98・5％だったよ。

考え方としては、モミすり機に突っ込むモミの量を腹八分目にしておいて、入ってきたモミを着実に消化（脱ぷ）させるイメージだな。脱ぷ率が上がれば、ほれ、最初にいってたモミの『戻り』は少なくてすむでしょ」

ふむふむ、なんとなくだけど考え方はわかったと思う。

揺動板《ようどうばん》の傾きは急なほうがいい？

「そしたら、次は選別効率を上げてみよう。選別作業はどこでやってるかわかるよね？」

揺動板でしょ。

「そう。揺動板をうまく使えば、選別効率が大幅アップ。たまげるよー。耕作くん、揺動板の働きは知ってる？」

もちろん、知ってるよ。外からでも見えるようになってるかんね。なんか機械が貧乏ゆすりしているみたいでおもしろいよね。左右にぶるぶる動いてさー。あれって、ちょっと斜めに傾いててモミと玄米を分離してるんでしょ。オレ、ここだけはいじったことあるよ。

「えっ？　どういうふうに？」

　揺動板の傾きを少し急にしてるのよ。サトちゃんのいう「選別効率」を上げようと思ってね。オレ流、「神の手」ってやつかな。

「で、どうだった？」

　それがさー、あんまり効果を実感できないんだよね。むしろ、前よりじっくり選別してる感じかなー。

「そりゃそうだよ、耕作くん、それって、まったくの逆効果。選別効率は標準より下がってるよ」

玄米は沈んでモミは浮く

　そうだったの？　なんで、なんで？

「想像力を働かせて、よーく考えてみてよ。まず、揺動板が左右に動くと、玄米が沈んでモミがその上に浮いてくるんだ。なんでかっていうと、モミはモミガラをかぶってる分だけ、玄米よりも体積が大きくて、比重が軽い。だから浮いてくる。で、揺動板は少し斜めに傾いてるよね。だから、左右に揺れると玄米の上にのったモミが滑り落ちてくる。そうしてモミと玄米が選別されるってわけだ」

　へー、そういうしくみだったんだ。

「じゃあ、ここで改めて質問。揺動板の傾きを緩くするのと、急にするのでは、どっちのほうが選別効率がよくなると思う？」

　えーっと、モミは玄米の上を滑り落ちてくるんだから、やっぱり傾きは急なほうが選別されやすいんじゃない？

「そう思うでしょ？　でも、答えは逆。緩くしたほうが選別効率は上がるんだ」

　？？？？

玄米は揺動板のスロープを上るから、傾きは緩いほうがいい

「揺動板をよーく見てごらん。窪みがついてて、窪みの中にも傾斜がついているでしょ？」

　あ、ホントだねぇ。スロープみたいな傾斜がついてるじゃん。

「そう。このスロープ、揺動板の高いほうに向かってついてるってのがポイントなんだ。玄米が窪みに入って左右に揺られると、スロープを上っていくんだね。揺動板の高いほうへ向かって上っていく。だから、揺動板の傾きが急になると、スロープの傾きも急になって、玄米を押し上げる力が弱まっちゃうんだ。だから、すべり落ちるモミと上ってく玄米がきれいに分離されなくなる。つまり、選別効率が悪くなるってこと。これ、勘違いしてる人、ホント多いんだよね」

　そっかー。オレの「神の手」は逆効果だったんだー。

「そう、なんなら耕作くんのやり方でタイムを測ってみようか？」

（ピ・ピ・ピ・ピ）

3分36秒……。

「全然違うでしょ。グレーダーの前で暇つぶしする訓練にはなりそうだけどねー（笑）」

8割の力で安定走行

「しっかし、このしくみを考えた人はスゴイね。手作業だった時代の農具の知恵を引き継ぎながら、きっと何百回、何千回と失敗を繰り返して開発したん

揺動板で玄米は沈んでモミは浮く

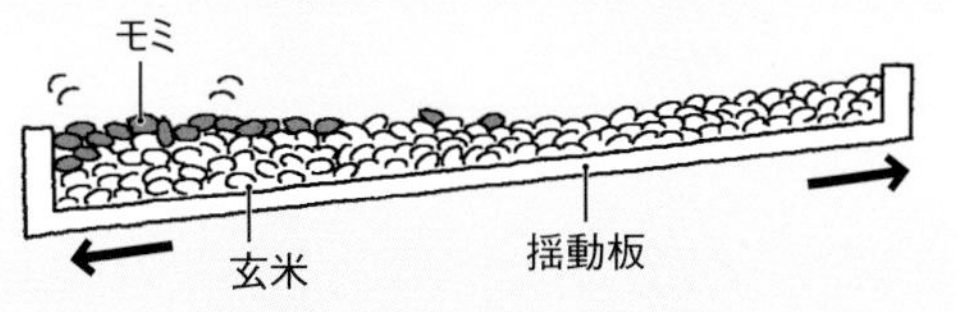

揺動板が左右に揺れると、玄米は下に沈みモミは浮いてくる。モミは玄米の上を滑り落ちることで、集められる

揺動板の傾きは緩いほうが玄米とモミの分離がうまくいく

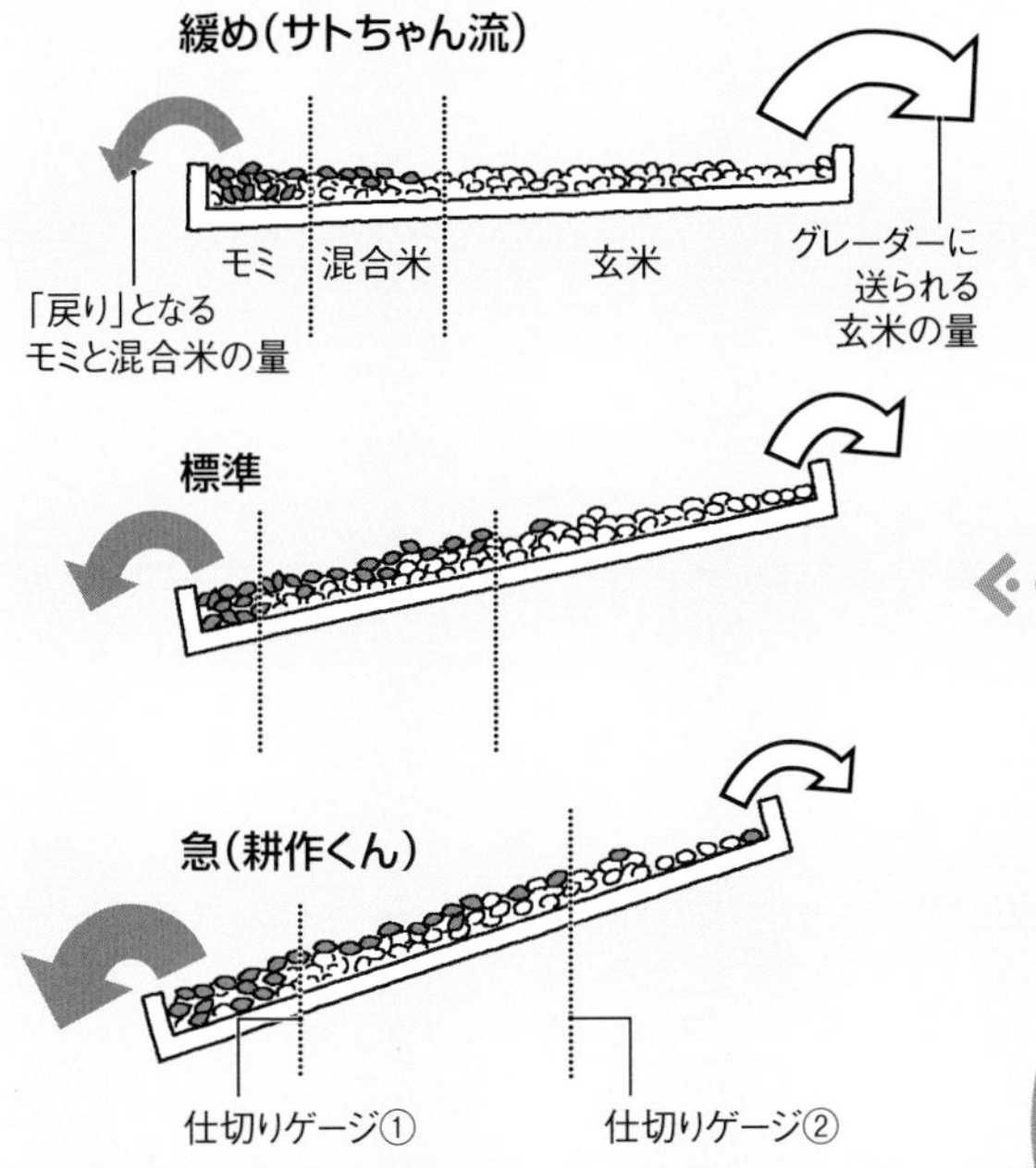

揺動板の傾きが急なほうが選別効率がよくなると思われがちだが、じつは緩いほうが玄米とモミの分離がうまくいく

玄米は揺動板のスロープを上る

揺動板についた窪み。よく見ると、高いほうに向かってスロープ状の傾斜がついている。これに従って玄米は揺動板の高い側に上っていく（K）

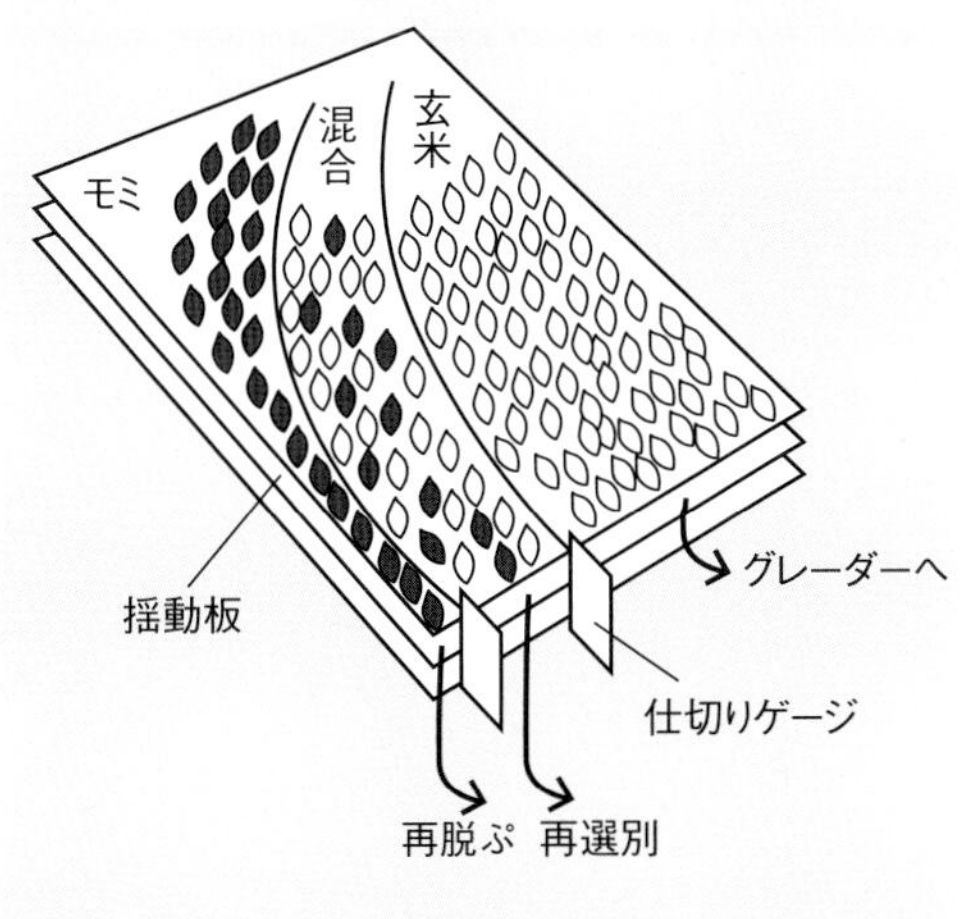

だべ。モミすり機は日本の宝だね。

じゃあ、最後にもう一度おさらいしとこう。モミすり機を効率よく使う方法は、処理量を腹八分目に抑えて、常に一定の量を着実に脱ぷ、選別していくこと。たくさんの量のモミを突っ込んでも、結局、「戻り」の量が多くなる。モミすり機内で堂々巡りさせてロスを増やすよりも、最初から供給量を2割少なくして脱ぷ率と選別効率を上げたほうが、モミすりスピードは上がるんだ。

高速道路で東京から福島まで来るのに、時速120㎞で飛ばして疲れて途

中でパーキングエリアで休憩とるよりも、80㎞のノンストップで来たほうが到着時間は早いし疲れない、ガソリンも食わないようなもんだよ。８割の力で安定して走らせたほうが、機械も傷みにくいし、結局、仕事が早い」

なるほど！ 家に帰ったらさっそく試してみるよ。サトちゃんありがとう。

（注）脱ぷ率を上げるためにロール幅を絞るとブレーカーが落ちることもある。サトちゃんの倉庫は通常の２・２kW／hでなく２・７kW／hの契約。

神の手 その2

揺動板を調節して選別効率アップ

揺動板の角度は緩やかにしたほうが、選別効率がよくなる。

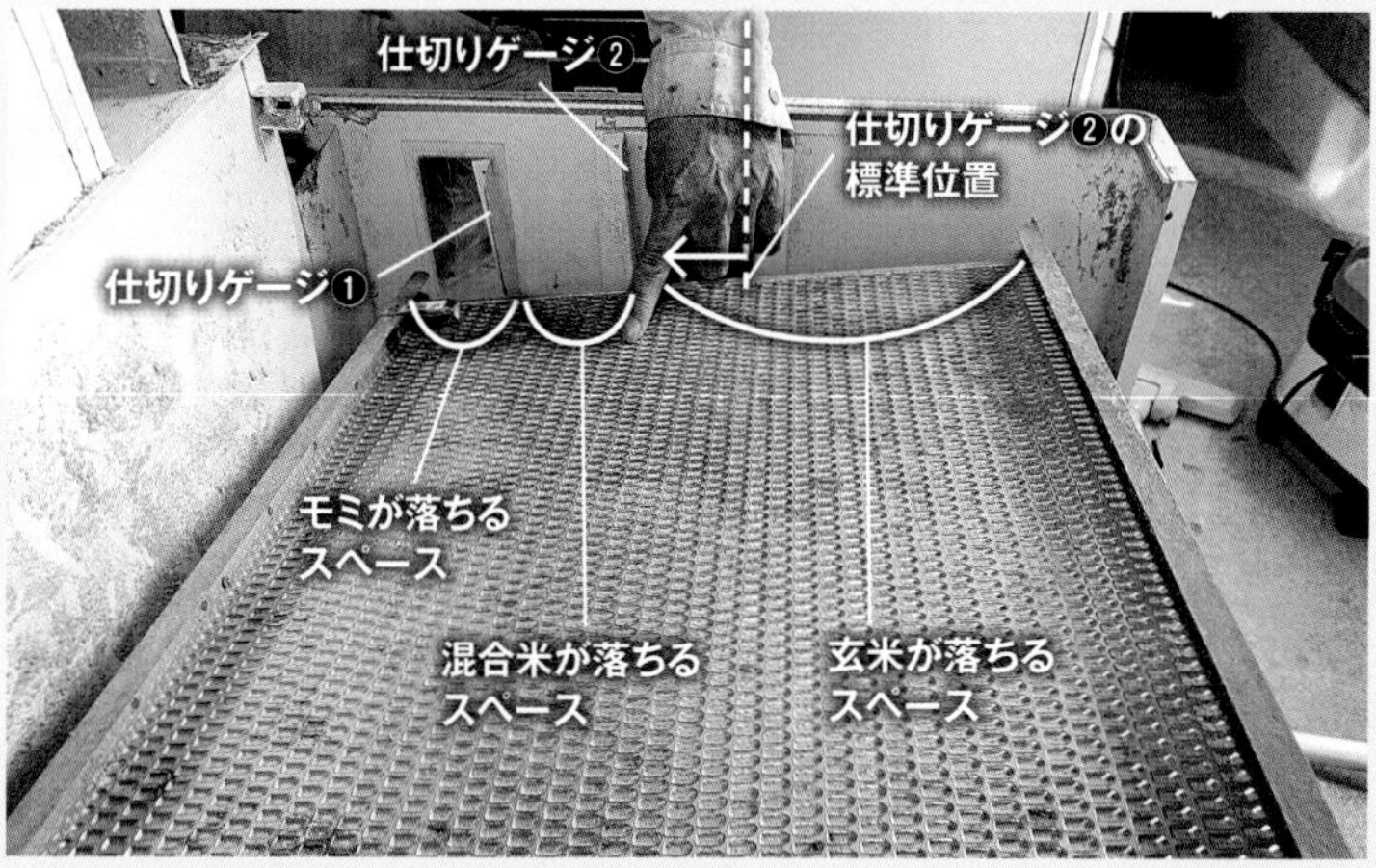

サトちゃんの場合、脱ぷ率が高いうえに、揺動板の角度が緩やかなので選別効率がよい。玄米が落ちるスペースを指の位置までめいっぱいに広げられる（65ページ図の⑧を反対側から見ているところ）（Y）

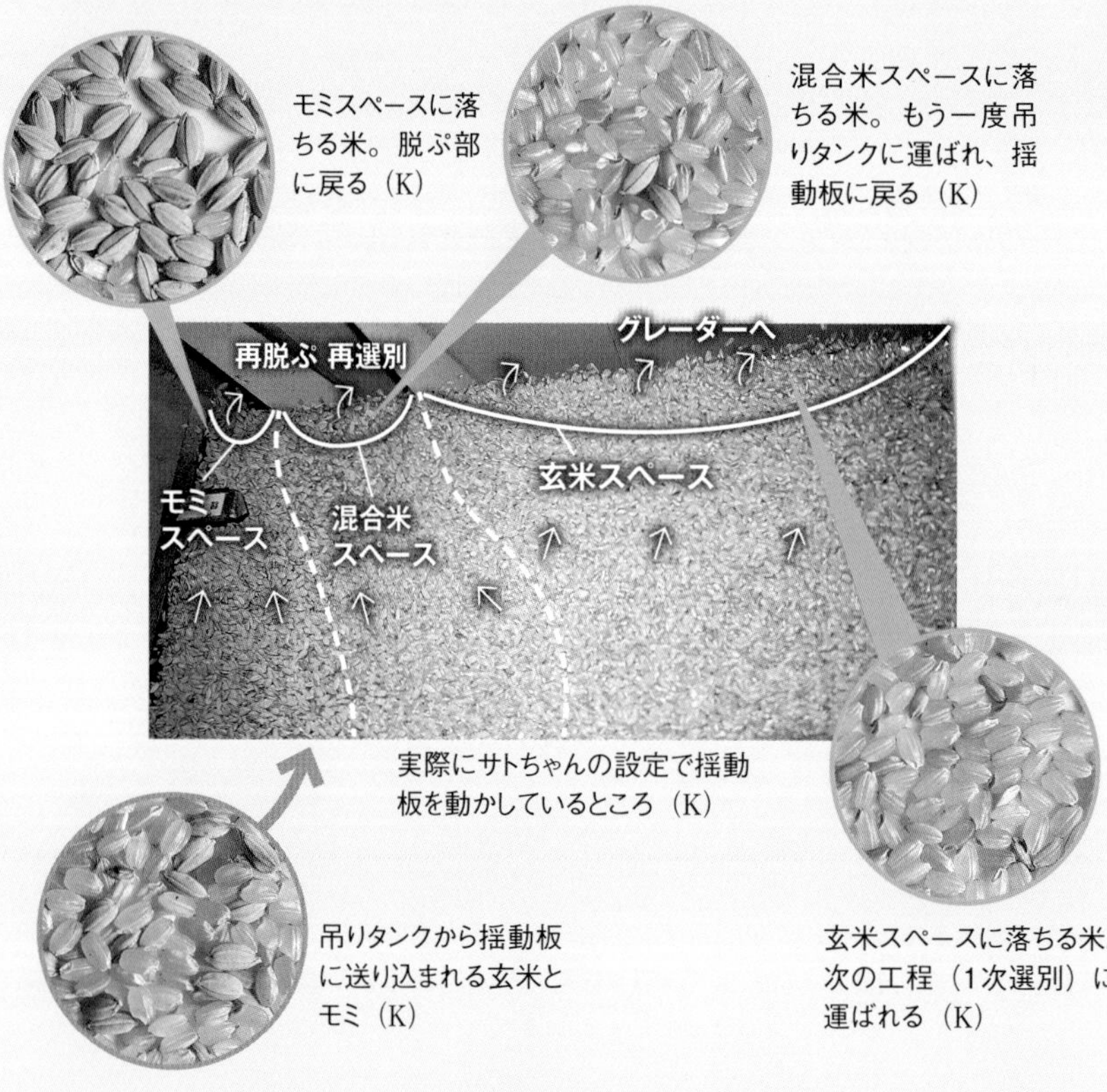

モミスペースに落ちる米。脱ぷ部に戻る（K）

混合米スペースに落ちる米。もう一度吊りタンクに運ばれ、揺動板に戻る（K）

実際にサトちゃんの設定で揺動板を動かしているところ（K）

吊りタンクから揺動板に送り込まれる玄米とモミ（K）

玄米スペースに落ちる米。次の工程（1次選別）に運ばれる（K）

揺動板の角度調節のやり方

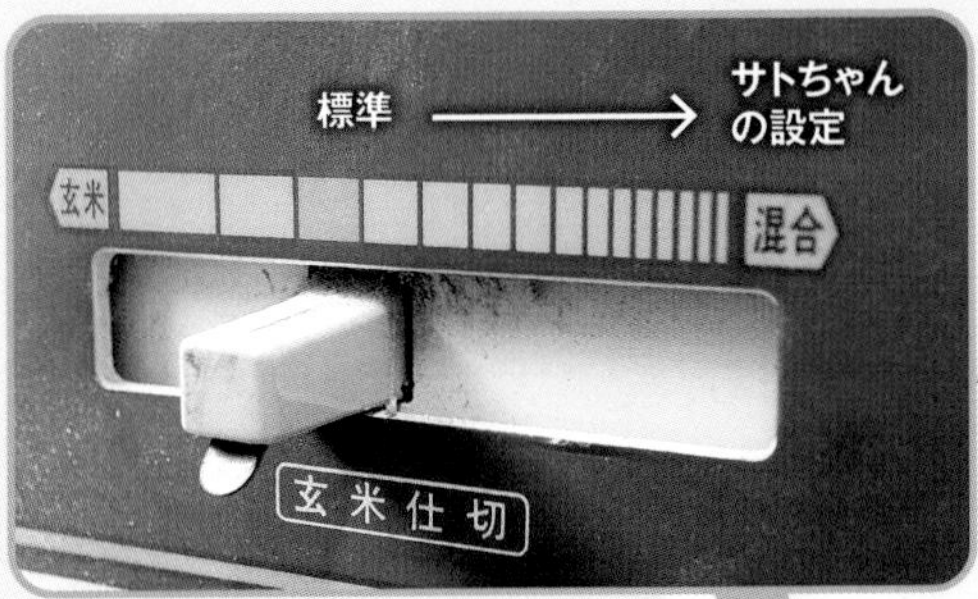

玄米と混合米の仕切りゲージ（右ページ上写真の②）を動かす調節つまみ。サトちゃんは脱ぷ率が高く、選別効率もいいので、玄米が入るペースを大きく、混合米のスペースを小さくとる（Y）

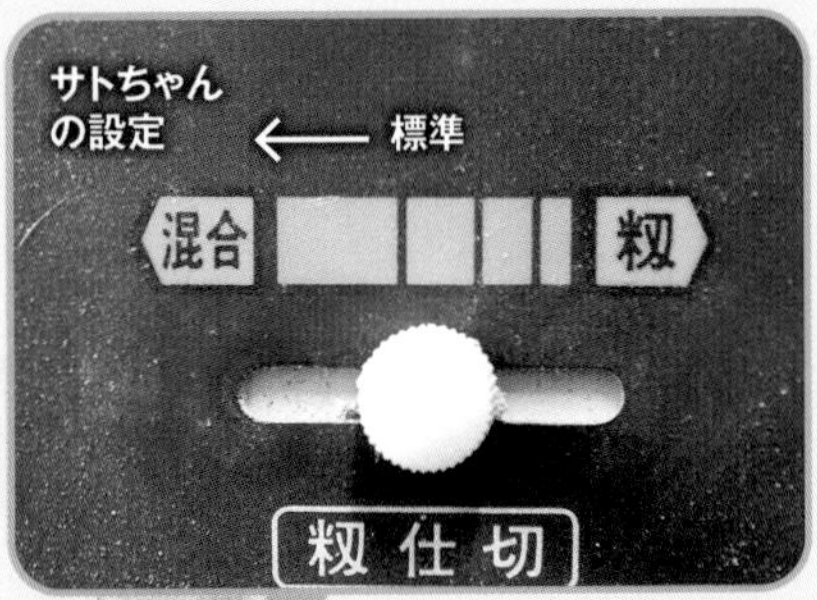

混合米とモミの仕切りゲージ（右ページ上写真の①）を動かす調節つまみ。サトちゃんは混合米が入るスペースを小さくとる（Y）

揺動板の角度調節は、モミすり機の正面にあるダイヤルを回すだけでできる（Y）

ゲージの位置を見れば、モミすり機の機能を理解してる人かどうかがわかるよ

ダイヤル横の針の動きで角度のつき具合を確認できる。選別効率が上がるよう、かなり緩やかにしてある（Y）

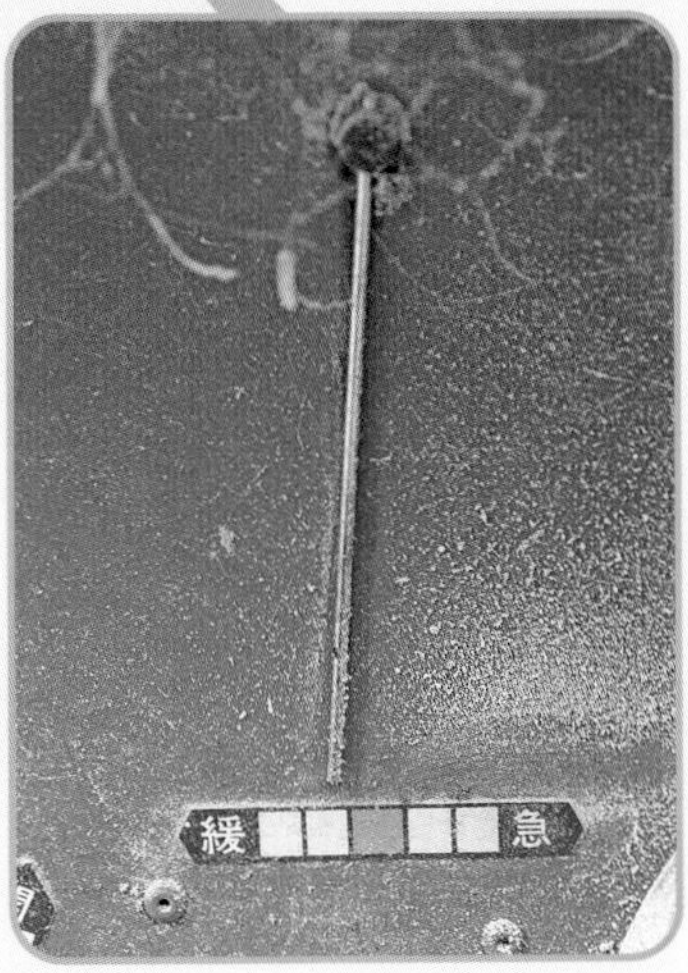

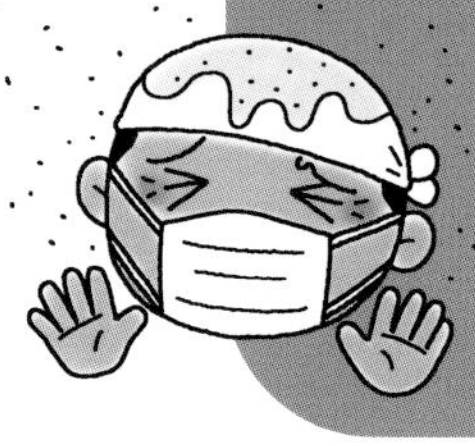

ホコリを噴霧機でシャットアウト

埼玉●原田政男

集塵機の配置図

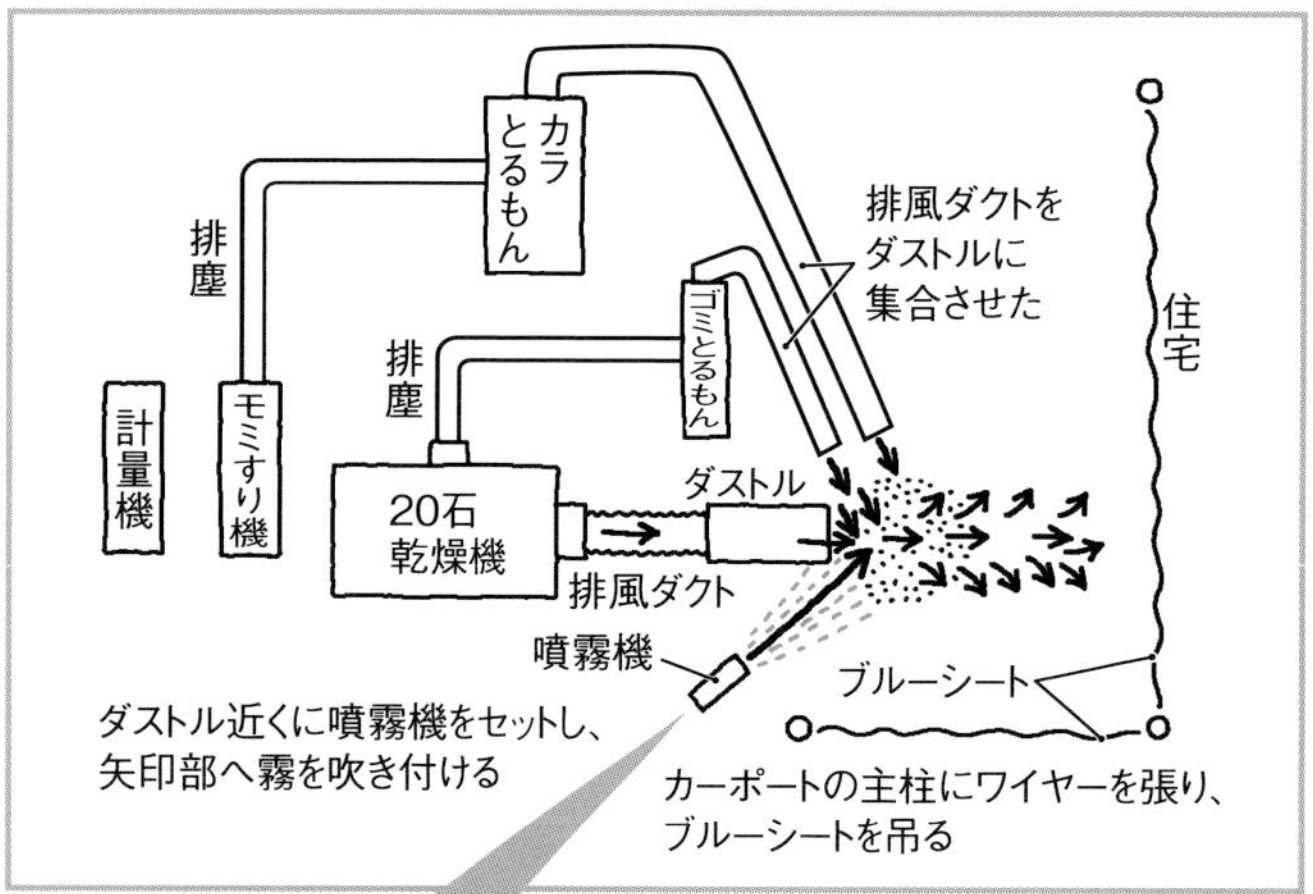

バッテリー充電器を家庭用の交流電源につなぎ、常時充電しながら噴霧する

周囲に迷惑を及ぼす前に……

以前は、土・日の兼業農家でしたが、今は退職し、菜園10a稲作30aの耕作を家内と楽しみながらやっています。農業機械も自動化・高性能高馬力化し、肉体的には非常にラクになりました。喜ばしいことですが、一方で時代とともに自宅も市街化し、近隣の住宅の方に刈り取り収穫後のモミの乾燥および調製作業時に出るゴミや粉塵で迷惑をかけるのではないかと、常に心配しています。

そこで、12～13年前より、モミ乾燥機運転時には吸引送風機に「ダストル」（サンダイヤ）を、上部排塵機には「ゴミとるもん」（14、32ページ）を通し、排風しています。どちらもサイクロン方式の装置で、袋にゴミ・ワラクズなどが多く集まりますが、やはりモミが乾燥するにつれ、微細な粉塵の一部は風により通過飛散してしまいました。周囲の住宅に迷惑を及ぼす前に、何か対策をしなければいけないと思いました。

筆者。退職後に菜園10a稲作30aを耕作

低コストで効果抜群

対策案をいくつか検討しましたが、バッテリー噴霧機の霧を送風に吹き付け、チリ・ゴミを落下させる方法が、もっとも低コストでよいのではと考え、昨年テストしてみました。

友人よりバッテリー充電器電動ポン

プを譲ってもらい、適当な高さに噴霧できるよう自作しましたが、タンク付きのバッテリー噴霧機を保有している方であれば、それを活用すれば一石二鳥になると思います。

効果のほどですが、従来ならば、近隣への気づかいから、夕方薄暗くなってから作業を開始していましたが、この霧を吹き付けることで、明るい昼間にやっても心配ないという、たいへんよい結果が出ました。

私は乾燥機、排塵機、モミすり機と3つの排風ダクトを1カ所に集合させましたが、機械の据え付け、配置で、このようにできるとは限りません。各家で一番心配しているところだけでも試してみてはどうでしょうか。十分よい結果が出ると思います。

試される方は、バッテリーは常時充電とし、補給水のバランス（毎分5〜6ℓ）に気を付け、噴口は2頭口以上で除草用でない霧状になる物を使用してください。

（埼玉県春日部市）

自作のホコリ処理施設とホコリ取り器

滋賀●田中章司

モミすり施設の隣がアパート

1・5ha余りの小規模稲作農家ですが、都市部の農業を死守すべく、日々汗をかいています。私がモミすりをする作業場所から数m先にはアパートがあり、洗濯物も干してあります。

わが家は直販する顧客のニーズに合った品種を栽培しているので、ＪＡのカントリーエレベーターには出せずに、ホコリ（排塵）対策には長年悩んできました。

これまでは、乾燥機の排塵・排風ダクトと、モミすり機のモミガラ排出用の筒先を育苗用のビニールハウスに引き込み、その中にモミガラとホコリを閉じ込めていました。しかし、台風や強風が来るたびにビニールを剥がし、通過するのを待って復旧しなければなりませんでした。

そこで2年前に、現在使用している作業所を増築してホコリ処理施設を完成させました。

排塵処理施設のしくみ

乾燥機から出る排塵は金子農機の「チリとるもん」（33ページ）と「ゴミとるもん」（14、32ページ）で対応しました。モミすり機から出るモミガラは増築部分の2階に吹き上げて保管。必要なときは、ホッパーのシャッターを開けると軽トラに直接積み込めるようにしました。

また、モミガラ室は気密になっており、細かなホコリ混じりの空気は自然

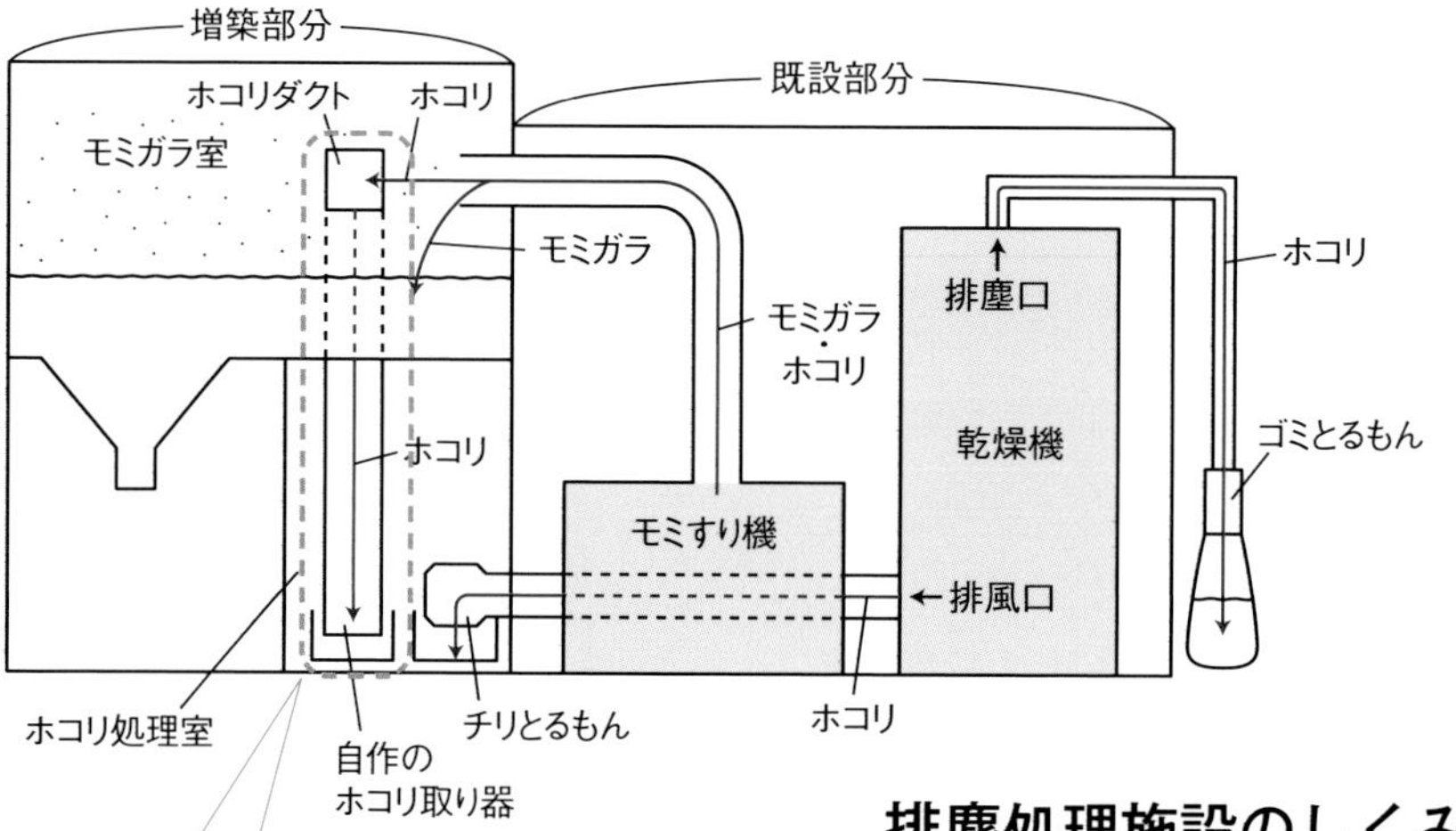

排塵処理施設のしくみ

モミすり機から出たモミガラとホコリはモミガラ室に送られる。モミガラはモミガラ室内に落ちるが、空中を舞うホコリはダクトに押し出されてホコリ取り器のほうへ落ちていく。ダクトの口径は60㎝角（長さは5m）。これ以下だと、モミすり機（4インチ揺動式、排塵筒直径170㎜）に負荷がかかる恐れがある

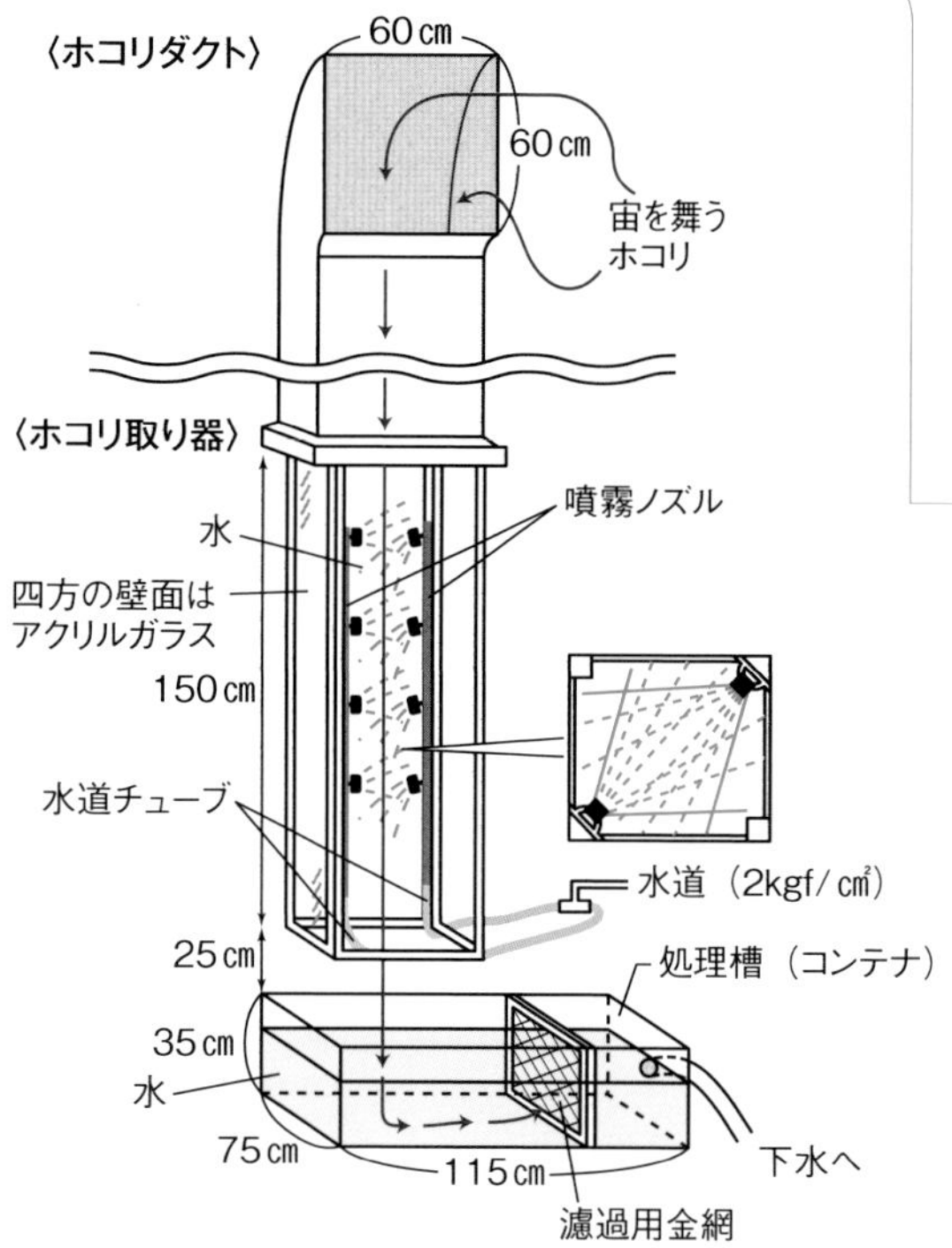

ホコリダクトとホコリ取り器のしくみ

ダクトに吸い込まれたホコリは、噴霧ノズル（防除用のものを利用）で水をかけられて重くなり、処理槽に落ちる。処理槽内のホコリ混じりの水は金網で濾過されてから、排水口に流れる。水の消費量は1時間当たり200～300ℓ程度。不具合が起きるとすぐわかるように、ホコリ取り器の壁面はアクリルガラスにした

とダクトに押し出されます。そして、自作のホコリ取り器の内部を通り、噴霧された水によって処理槽に落ち、沈下します。

ポイントは、モミガラ室を気密にすることでホコリ混じりの空気を吸引ファンなしでダクトに誘導すること、ホコリダクトの断面積を小さくしすぎないことだと思います。ダクトが小さすぎるとモミすり機に負担がかかる可能性があります。

経費は鉄骨建物増築300万円を含めると、合計345・7万円。高くつきましたが「百姓人生の総決算」と思って挑戦しました。既存の建物に手を加えて改造すれば格段に経費は下がると思います。

乾燥、調製作業のホコリ対策で悩んでいる都市農家の皆さんの一助となれば幸甚です。

（滋賀県大津市）

モミガラ回収袋8連吊り下げ器

徳島●金佐貞行さん

モミガラは奥の袋から手前に順に詰まっていく。8枚が満タンになるまでにはかなり時間がかかるので、気を遣わずにすむ

枠は廃材のハウスパイプを利用。塩ビ管はT字のものを真っ直ぐの管でつなぎ、隣のモミ袋との間を50㎝ほど空けた。塩ビ管の左右のパイプ間に湾曲した金属板が渡してあり、その上に塩ビ管が載っている

金佐さんは、モミすりで出たモミガラをすべて袋に回収し、田んぼにまいている。回収時に活躍するのが、このモミガラ袋吊り下げ器だ。倉庫からブロワーで飛ばされてきたモミガラを、吊るされた8連の袋で受けるしくみ。市販品もあるのだが、袋を5枚吊るタイプで6万円ほどとけっこう高い。金佐さんは、ホームセンターで手に入る塩ビ管や廃材のハウスパイプを使い、1万円もかけずに作ってしまった。

金佐さん（80歳）と吊り下げ器。使わない時には細かく分けて置いている（小倉隆人撮影）

飼料米（依田賢吾撮影）

飼料米はモミすりしてから乾燥すれば光熱費が半分になる

●川原田直也

飼料米は食用米に比べ低価格で取り引きされるため、低コストで栽培できる方法が検討されてきました。しかし、乾燥調製は食用米と同じ方法が用いられており、コスト削減の検討はほとんどなされていませんでした。

そこで、飼料米の乾燥調製経費を削減するために、コンバインで収穫した生モミ米をモミすりし、玄米で乾燥する方法を考案しました。

玄米乾燥で傷ついても飼料米なら問題ない

この方法では、コンバインで収穫したモミ米を、高水分でもモミすりできるインペラ式モミすり機にかけてモミガラを外し、生の玄米を循環式乾燥機で乾燥します。玄米で乾燥すると、乾燥機の中で擦れ合って表面に傷がつくことから、外観品質が重視される食用米には適しません。しかし飼料米の場合、検査規格上も問題なく、家畜のエサとして十分利用できます。

飼料米の専用品種や食用品種でもインペラ式モミすり機でのモミすりは可能ですが、いずれの品種を用いる場合でも、モミすり機の能率を高く維持す

乾物玄米 1t 当たりの調製にかかる電力と時間

試験区	乾燥				脱ぷ		乾燥・脱ぷ合計		
	作業時間（時間）	灯油消費量（ℓ）	電力消費量（kWh）	乾燥機充填率（%）	作業時間（時間）	電力消費量（kWh）	作業時間（時間）	電力消費量（kWh）	動力光熱費（円）
玄米乾燥	10.9	15.4	11.0	60.3	3.3	4.3	13.5	15.4	1617
モミ米乾燥	20.9	33.8	21.3	98.5	1.9	3.4	21.6	24.7	3367

両試験区ともモミ水分25.3％、24.5％、22.1％、19.6％のホシアオバを800kg供試し、同時刻から玄米水分13％まで終始50℃で乾燥。灯油代85円/ℓ、電気代20円/kWhで試算。値はすべて4回の試験の平均値

インペラ式のモミすり機の内部。高速回転する羽根車（インペラ）でモミを飛ばし、壁面のゴム板に衝突させてモミガラを外す。水分量が多いモミでもうまくモミすりができる（倉持正実撮影）

るためには、できるだけ圃場内で乾燥させてから収穫することが必要です。厳密な基準はありませんが、目安としてはおおむね22％未満で収穫することが望ましいと考えています。

モミガラがない分乾燥効率がアップする

玄米で乾燥することで、モミガラの水分を乾燥させる必要がなく、玄米に直接熱風を当てて乾燥できます。さらに、モミ米に比べてかさばらないため、一度に多くの飼料米を乾燥できます。これにより、乾燥効率はモミ米乾燥の2倍となり、灯油代や電気代などの光熱費が半減します。玄米乾燥した飼料米の飼料成分値は、モミ米乾燥した後にモミすりした場合と同等です。

一方で、生モミ米をモミすりすることから、乾燥したモミ米に比べてモミすり機のホッパーからインペラ投入時の流動性が悪く、モミすりの能率が低下することが課題となっています。

現在出回っているインペラ式モミすり機は、ほとんどが小型のものです。大型のものが開発され、生モミ米をより大量に処理できるようになれば、新しい乾燥方式が普及する可能性が、より一層高まると考えています。

また、玄米で乾燥した場合、その後玄米で保管する必要があります。モミ米に比べてかさばらず、少ないスペースで保管できますが、ノシメマダライガやコクゾウムシなどの貯穀害虫に食害されるリスクが高まります。今後は玄米での低コストかつ安定的な保管技術の開発が求められます。

（三重県農業研究所）

色彩選別機の上手な使い方

福島●佐藤次幸さん

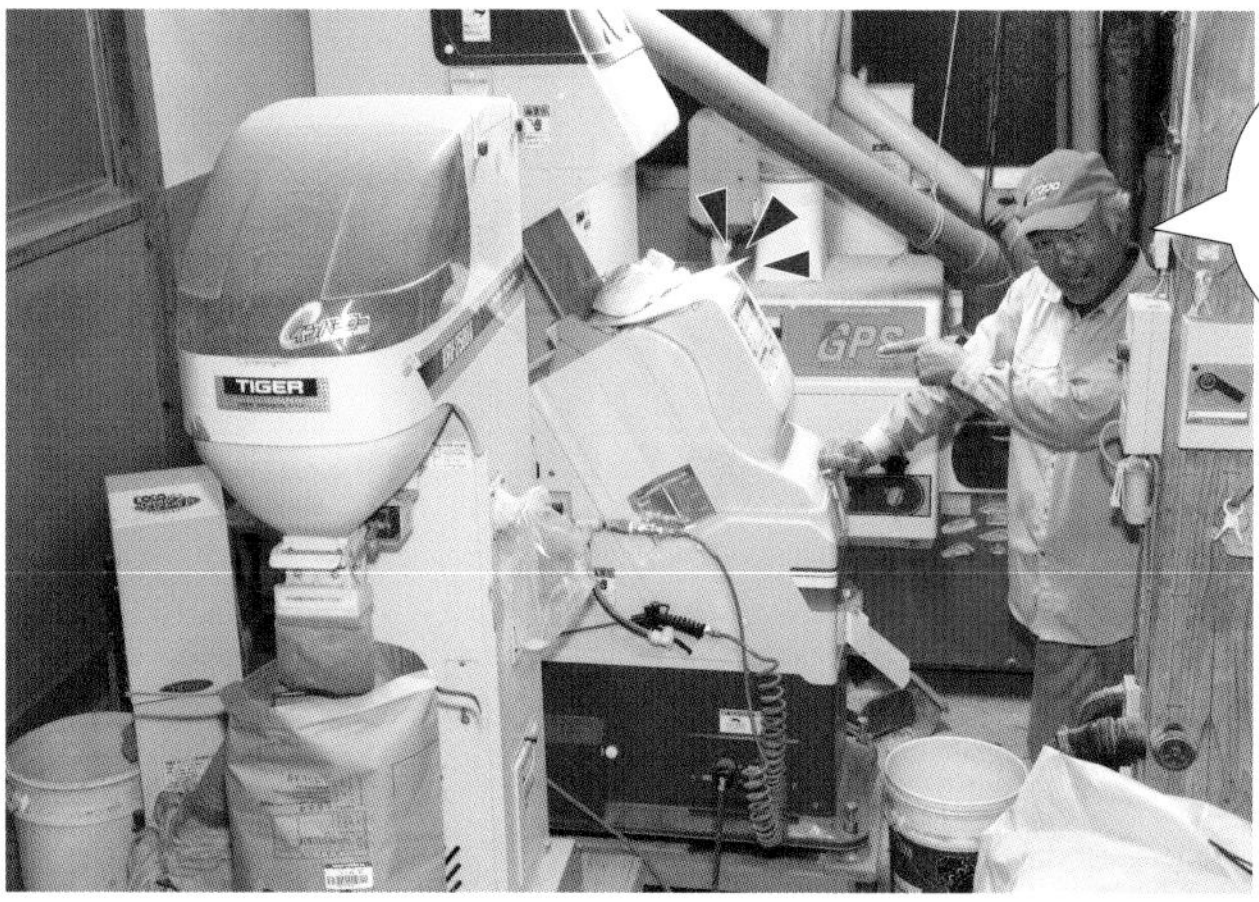

サトちゃんの使う色彩選別機はサタケの「ピカ選 2000」。導入して、約4年。最大処理能力は2tで、5インチのモミ摺り機につないで使う（＊以外は、倉持正実撮影）

200万円台で小型機が登場

以前は色彩選別機というと、1000万円以上もして、個人の農家にとっては、とても手を出せない機械だった。ところがここ3〜4年で、各メーカーが新機種を発売。新しい機種に共通するのは、100万〜300万円台と安価なうえ、最高処理能力が1時間に玄米約2tと多いこと。5インチのモミすり機の処理能力と同じなので、モミすりラインに組み込めるようになったのだ。

「いやぁ、昔のは1時間に60kgしか入んなかったからねー」

と、本誌でお馴染みサトちゃん。事情通なのは、いまどきの色彩選別機をいち早く取り入れたからだ。とれた米のほとんどを米屋に出荷しているが、そちらでも一等米を求められるようになり、導入を決めた。

そこで今回は、「いまどきの色彩選別機」の実力を確かめるべく、サトちゃんの作業場にお邪魔した。

LED、フルカラーカメラ搭載

サトちゃんが使うサタケの「ピカ選2000」のしくみは79ページの図のとおり。

まず、原料投入ホッパーに入った玄米は、昇降機で持ち上げられて、シュートを流れて選別部に入っていく。

選別部では、流れてくる玄米に照明（CCFL。液晶のバックライトによく使われるもの）を当て、フルカラーCCDカメラで撮影。その画像から「いい米」か「悪い米」かを識別する。いい米はそのまま落ちて自動計量機のほうへ流れていくが、「悪い米」は小さな空気銃（エジェクタ）で弾かれて二次選別のラインに流れる。二次でもなお弾かれた米が「不良品」として、機械の前方にある排出口から出てくる。

色彩選別機のしくみ

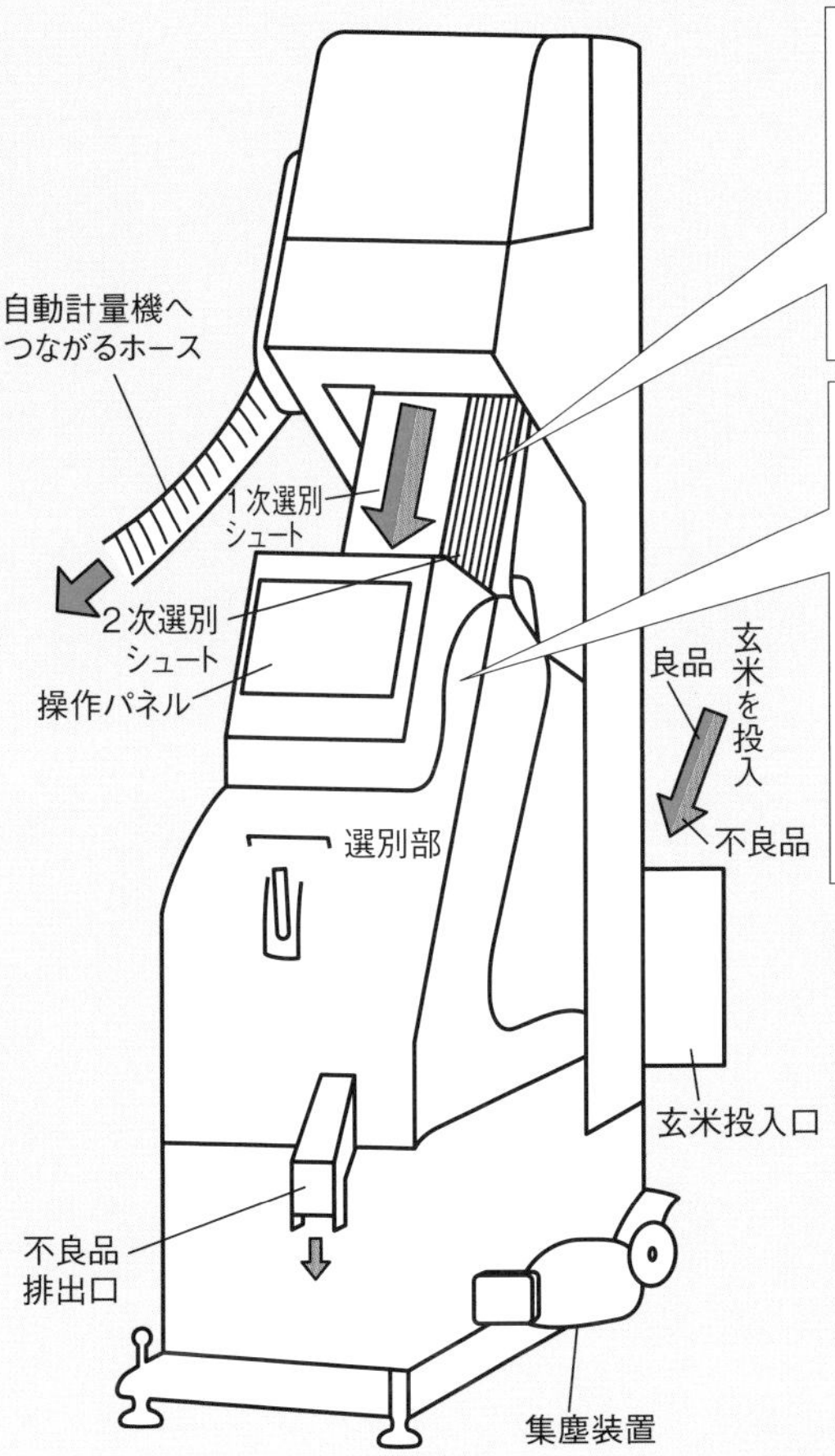

シュート

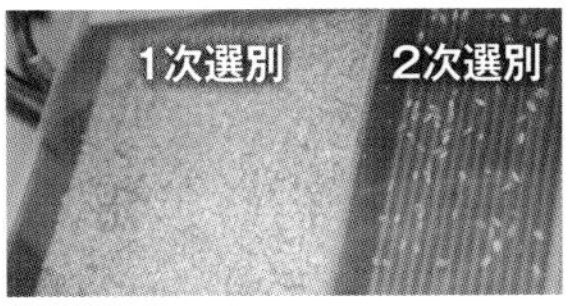

1次選別のシュートは平べったいが、2次選別のほうは米粒大の溝がある。玄米を整列させることで選別の精度が上がる

選別部（横から見た図）

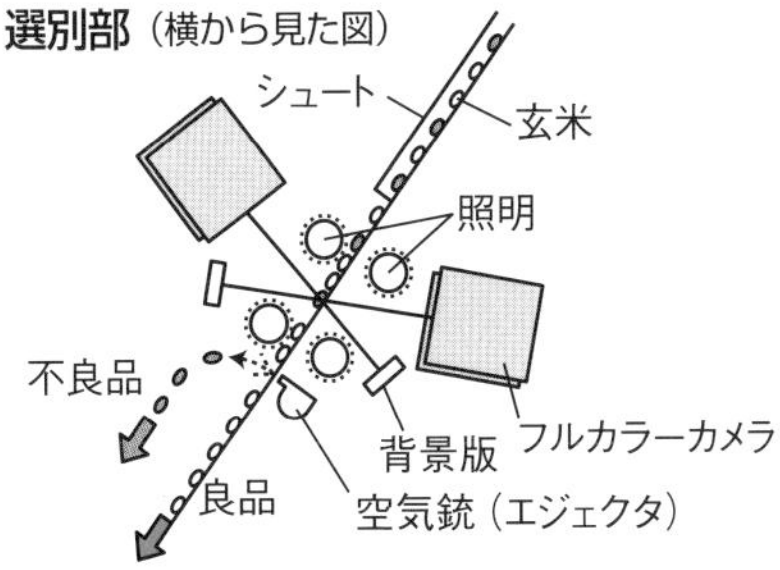

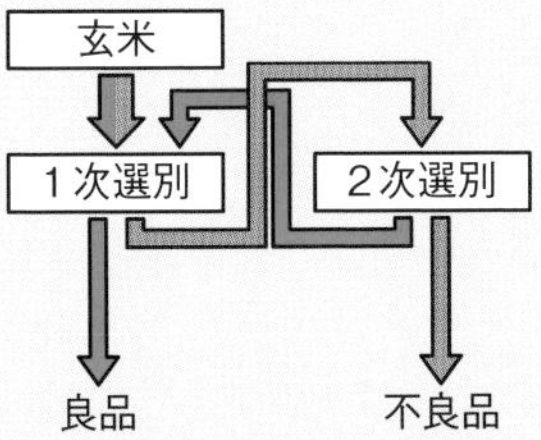

※それぞれの玄米は、昇降機で上にあがる

色彩選別機を通す前は着色米（赤米）や斑点米があった。それぞれ50gずつとり、拡大して撮影（*）

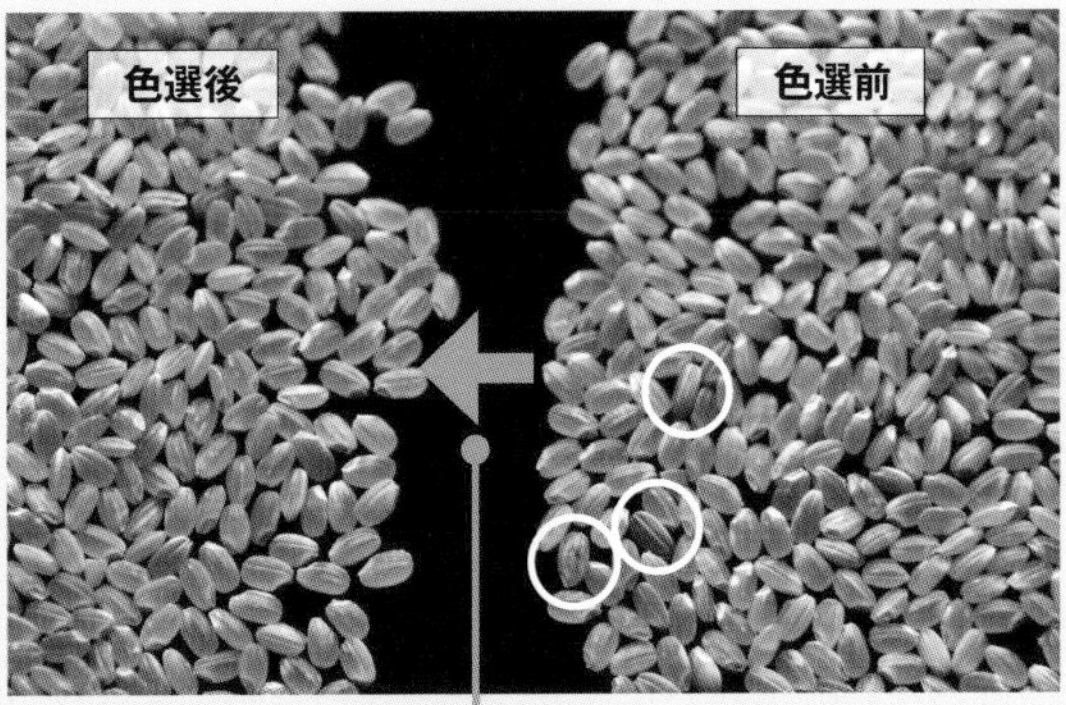

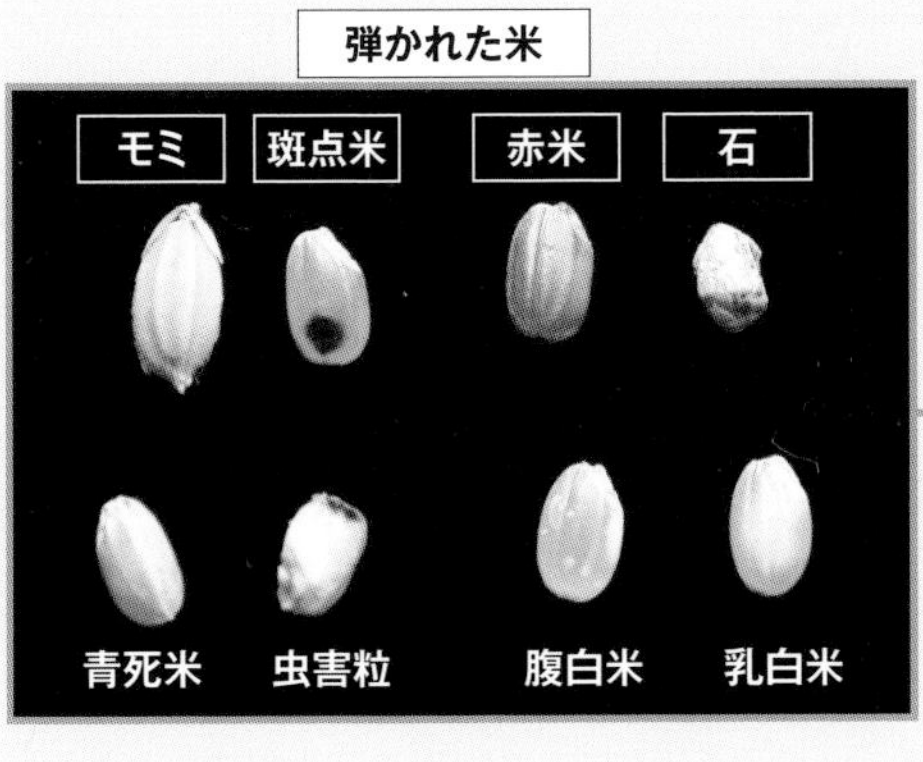

サトちゃんの玄米を色彩選別機にかけ、不良品として排出されたものの一例。四角で囲んだのが、1000粒のうち数粒入っていると等級が落ちてしまうもの。斑点米、赤米は2粒、石は3粒、モミは4粒入ると2等米になる（*）

ムダに弾かないための色彩選別機の設定

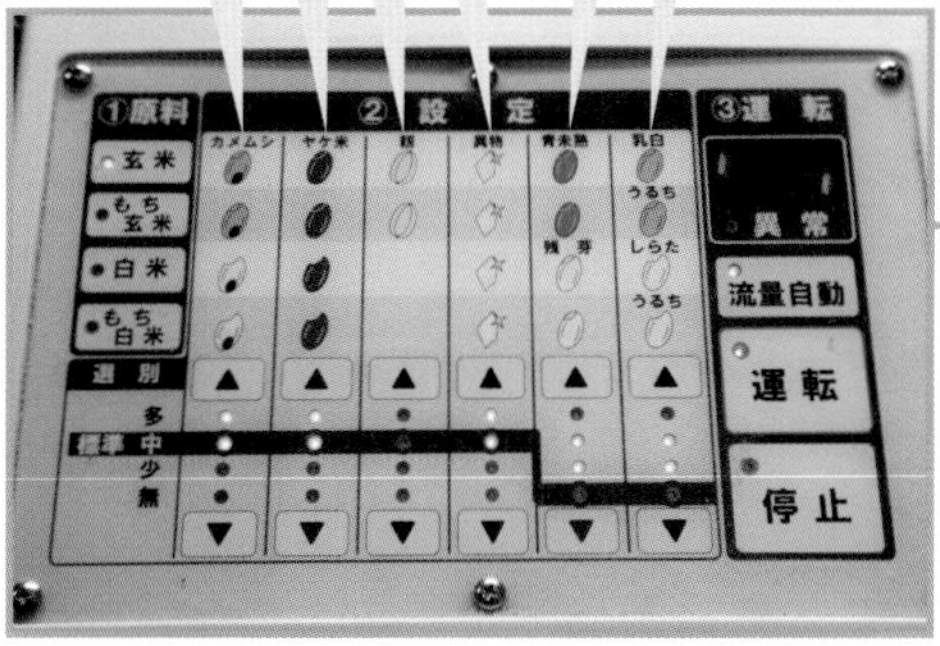
わずかでも混ざってほしくない「カメムシ」「ヤケ米」「籾」「異物」は強めにする
比較的多く混ざってもいい「青未熟」や「乳白」は弱めにする

色彩選別機の操作パネル。流量は自動設定にしている。選別設定はそれぞれの項目で10段階に設定できる。ランプはおおまかな目安

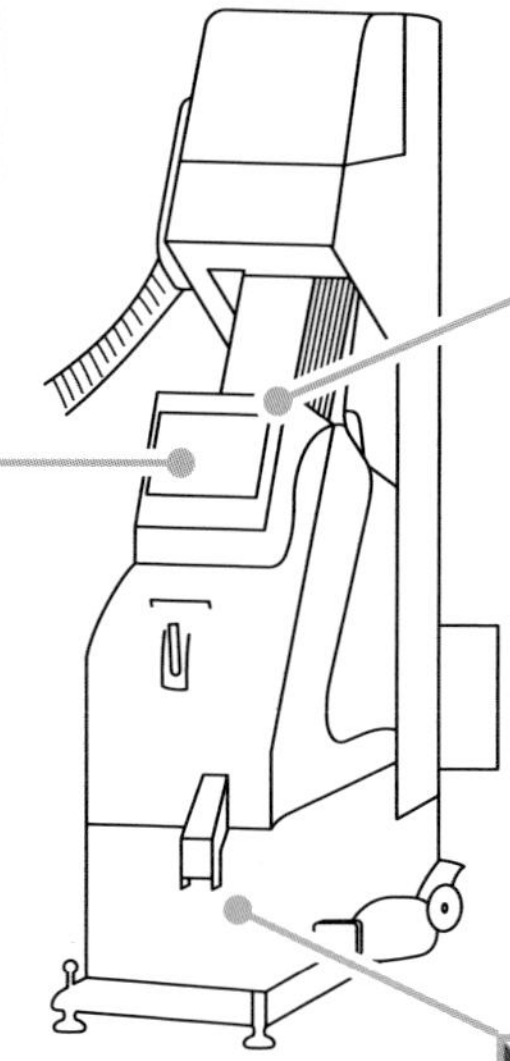

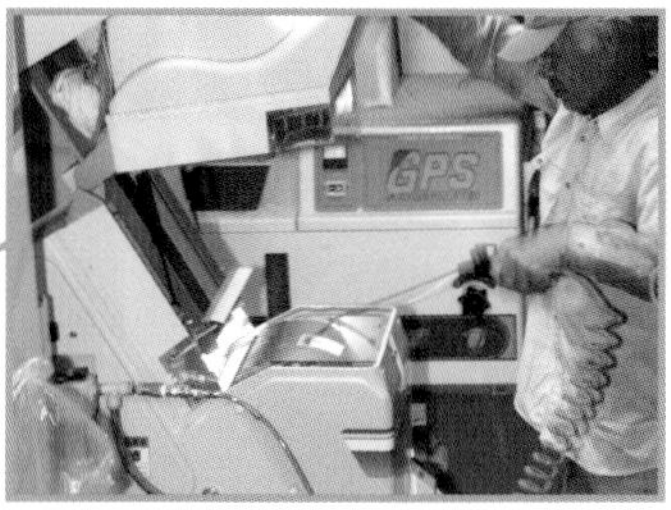

選別部の照明は選別精度にかかわる大事な部分だが、玄米を流し始めると米ヌカで汚れてしまう。ときどき玄米の流れを止め、コンプレッサーできれいに掃除する

不良品が出てくる排出口。手を当てると、空気銃（エジェクタ）から出る風の強さがわかる。強すぎるようなら機械に負担がかかるので、識別を甘くする

機種によって、照明がLEDだったり、カメラがモノクロだったり、一次選別のみだったりするが、大まかな流れはだいたい同じだ。

ムダに弾かないための設定のしかた

さて、実際の作業。

玄米を色彩選別機に入れると、排出口から様々な色・形の米が飛び出してきた。目立つのは、青死米（死に青。不透明の青米）、赤米、斑点米、クサネムのタネ。不良品の割合は、1800kgの玄米に対して14・7kg（約0・82％）だ。そう多くはないが、色彩選別機なしだと、これらが全部出荷用の米袋に混じってしまうわけだ。

「だけど、ムダに弾きすぎたらダメなのよ。せっかく色選入れたのに損するようじゃ本末転倒でしょ」

サトちゃんの色彩選別機はセンサーの感度を調整することで、選別の度合いに強弱をつけられる（上の写真）。

サトちゃんは、1000粒に1〜3粒混ざっただけで二等米になる「着色粒」を防ぐため、「カメムシ」「ヤケ米」「籾」「異物」は「中」より強めの設定にし、比較的多く混ざっていてもいい「青未熟」や「しらた」は弱めにしている。それでも、弾かれた米には肉眼でもわからないような「腹白」「胴割れ」も混じっていた。これで十分。もっと選別を強くするといい米まで弾いてしまう。

サトちゃんはこの「いい米をムダに弾かない」設定を見つけるために、色彩選別機を購入した当時、選別の弱い設定から始めて、少しずつ上げる方法で何度か試し摺りしたそうだ。

色選を挟んでライスグレーダーを2台設置

「それから、色選をただの悪い米を弾

とれた米をムダにしないサトちゃんのモミすりライン

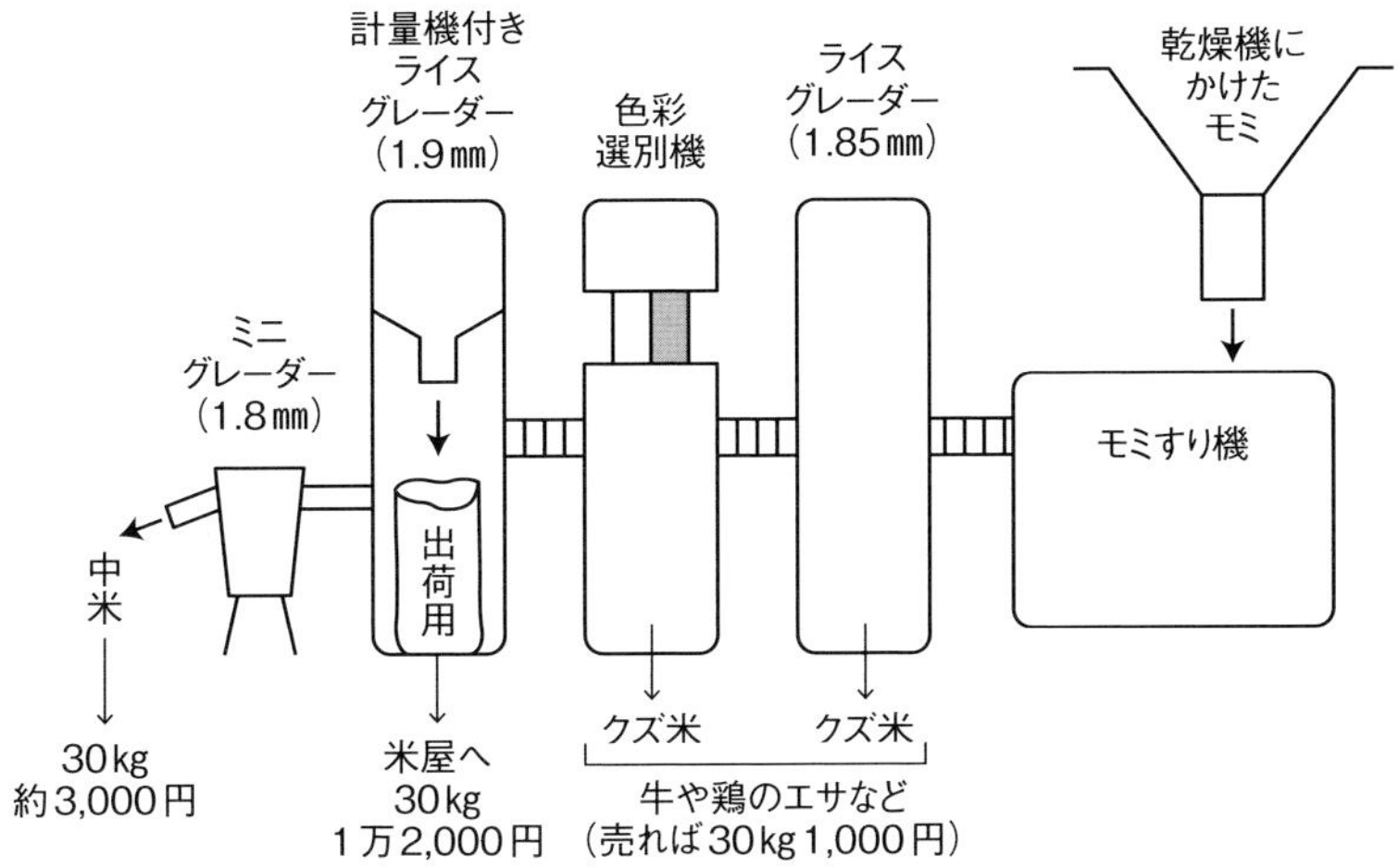

モミすり後、4回選別をかける。1.85～1.9㎜の中米を拾うことができる。米の品質によって、1次選別のグレーダーの網目を1.8や1.7㎜とする手もある

一般的な色選入りのモミすりライン

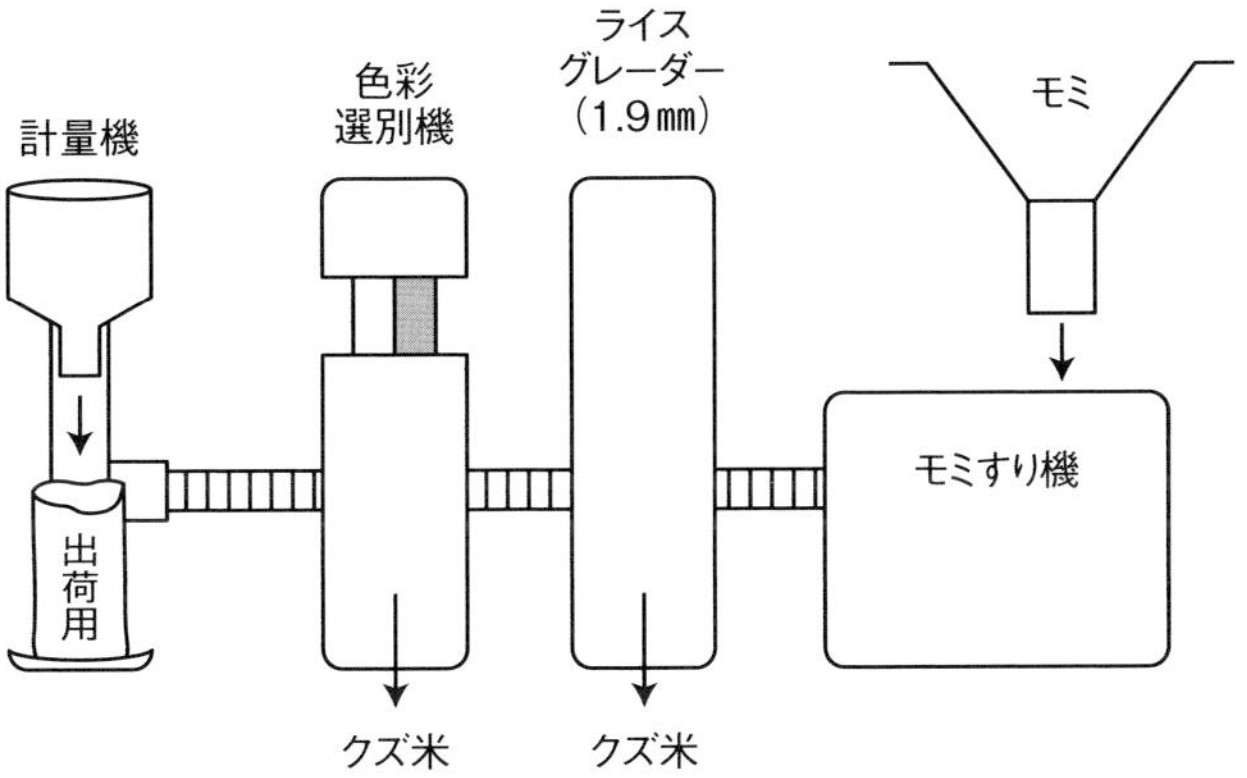

モミすり後の選別は2回。1.9㎜以下はクズ米として弾かれる

く機械として考えちゃもったいないよ。センベイ屋さんなんかは自分で米を細かく選別して、それぞれを使いわけて稼ぐ。それと同じようなことを農家の段階でやってやるのよ」

サトちゃんのモミすりラインは上図のとおり。

まずは、1・85㎜のグレーダーで、登熟の悪い米やクサネムのタネなどをある程度取り除き、色彩選別機の負担を減らす。色彩選別機で選別されたきれいな米は、自動選別計量機の1・9㎜のグレーダーで選別し、出荷用の米袋に入れる。そのときに出る網下米は、ミニグレーダーで中米とクズ米（実際はほとんどが米ヌカ）に分ける。

こうして仕分けた中米は、業者に農協出荷の米の半値ほどで売る。色彩選別機にかけた中米は業者にも喜ばれ、少し高く買ってくれる。クズ米は業者にも売るが、飼っている牛や鶏のエサにしたり、自分で米粉にして売ったりするのがほとんど。どんな玄米もムダにしない。

30kgの米を1袋増やす方法

このラインを活かせば、もっと稼ぐ

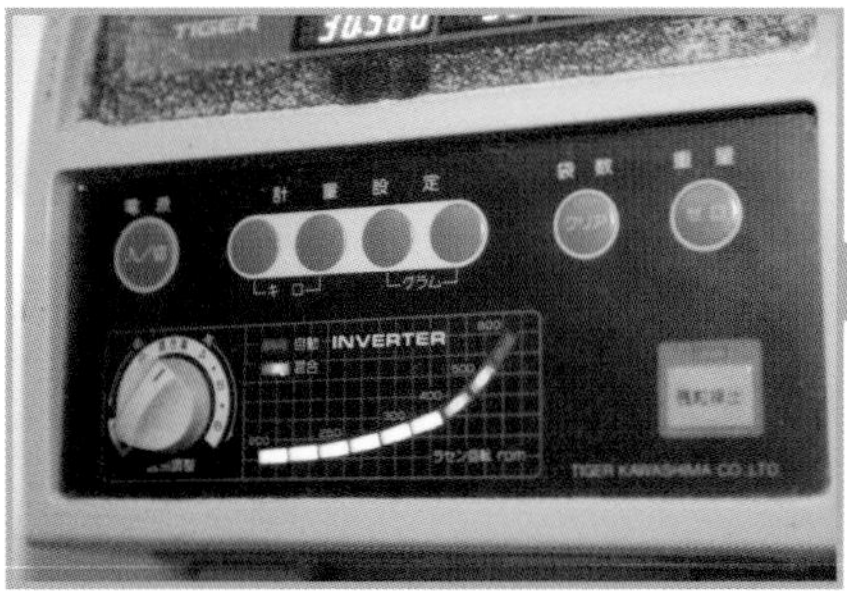

自動選別計量機のモニター付近。出荷用袋に中米を混ぜるときは、左の選別調整つまみを右方向にひねり、らせんの回転を早くする（選別が甘くなる）

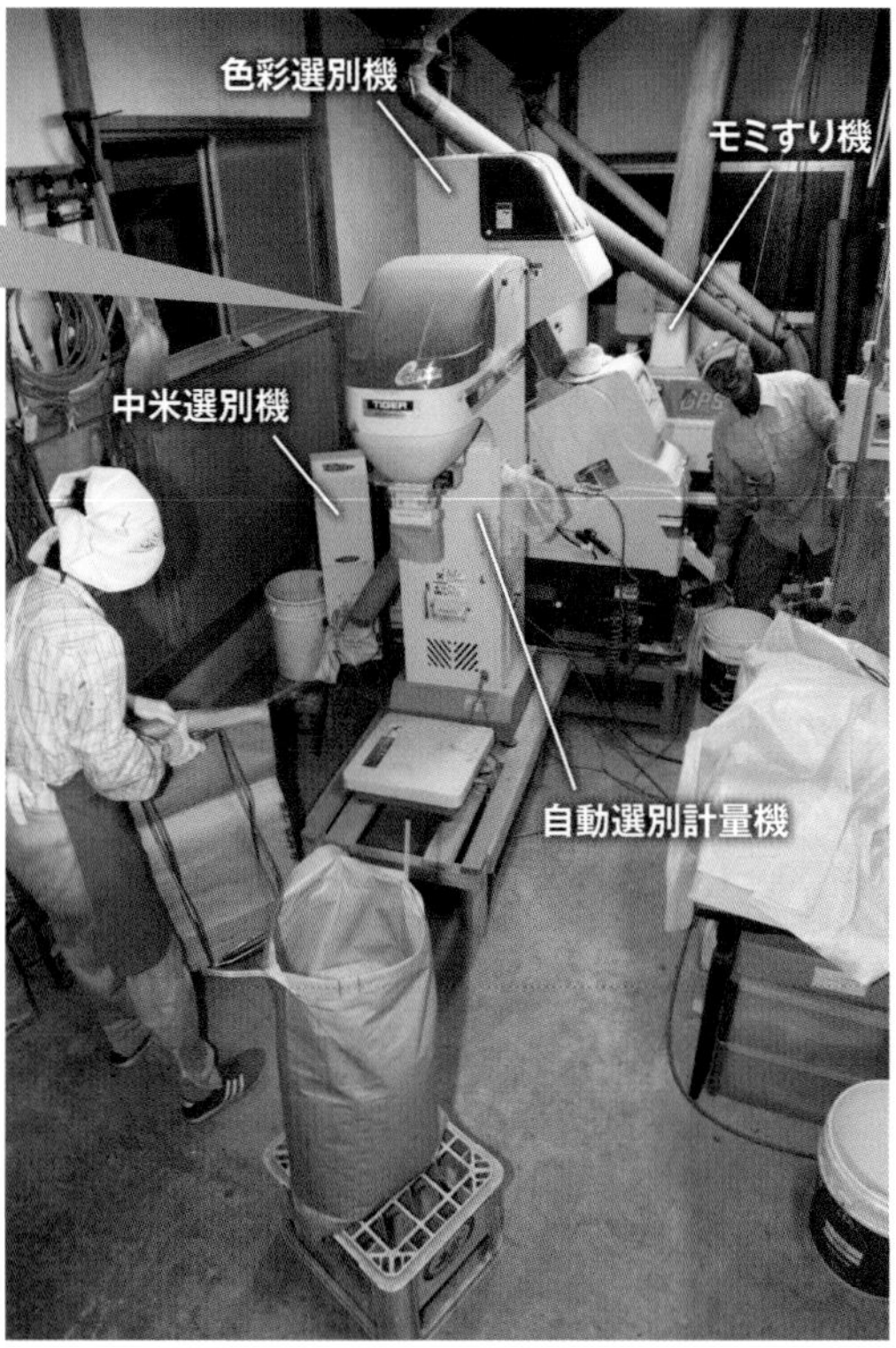

モミ摺り作業では、奥さんの紀子さんが満タンになった米袋を替えたり、口を閉じたりする係。サトちゃんは機械と、米袋運びを担当

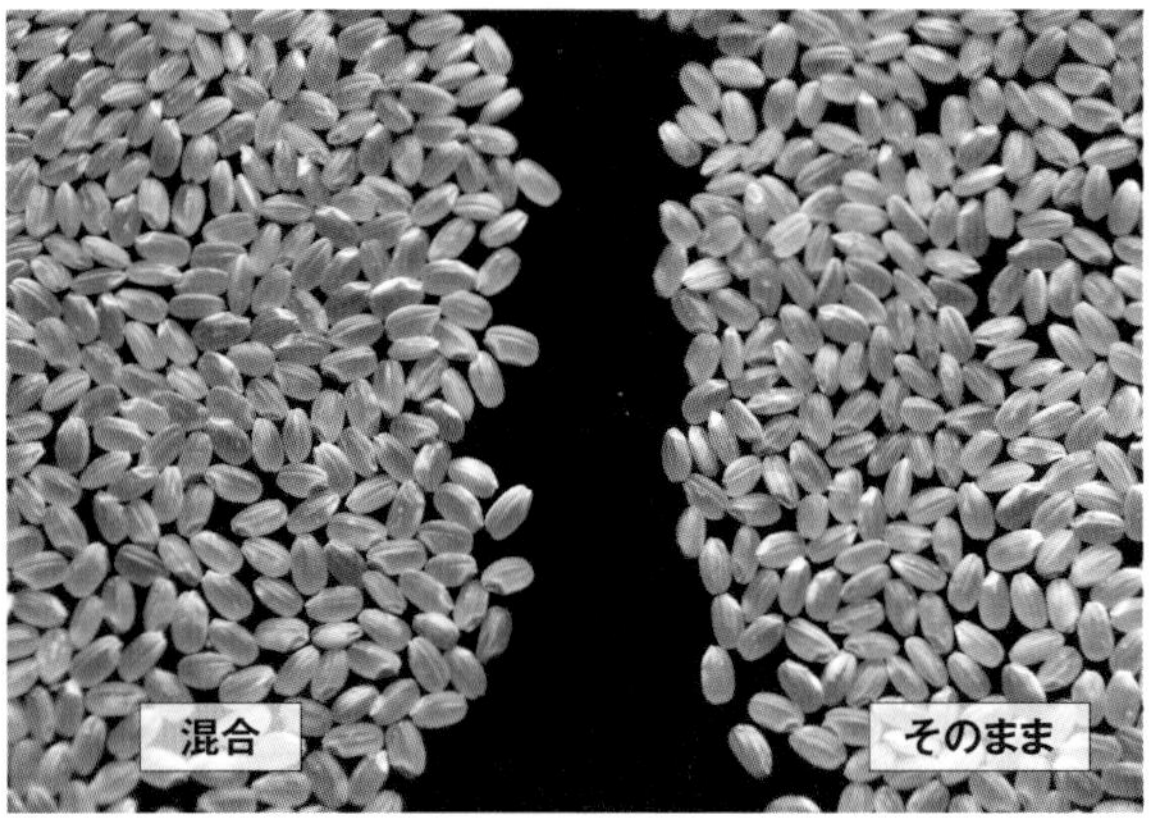

出荷用の米に中米をいくらか入れても「生き青（透明の青米）」が増えるが、等級を落とすような米は入っていない（*）

ことだってできる。

「じゃあ、『混合』してみるからね」

と、サトちゃんが自動選別計量機のつまみをひねると、中米として出てくる量が明らかに減った。自動選別計量機の選別が甘くなり（らせんの回転がスピードアップし、網目を通らない米が増える）、本来は中米になるはずの玄米がいくらか出荷用の米袋に入ったようだ。

「この中米は最初に1・85㎜でふるって、色選にもかけたきれいな米。だから、安心して混ぜられんのよ」

一等米の基準は整粒歩合が70％以上で、1・7㎜以上の網目でふるった米。サトちゃんの中米を混ぜた米は生き青が増えたように見えるだけで、石や斑点米、クサネムのタネなどは見られない。これなら米屋さんも満足してくれる。

調べてみると、自動選別計量機のつまみをひねった後では、60袋の出荷用の米をつくるうちに、約35㎏の中米が出荷用の袋に入った。つまり、出荷用の米袋が1袋以上多くなるわけだ。

ライスグレーダーのしくみと網目のこと

福島●佐藤次幸さん

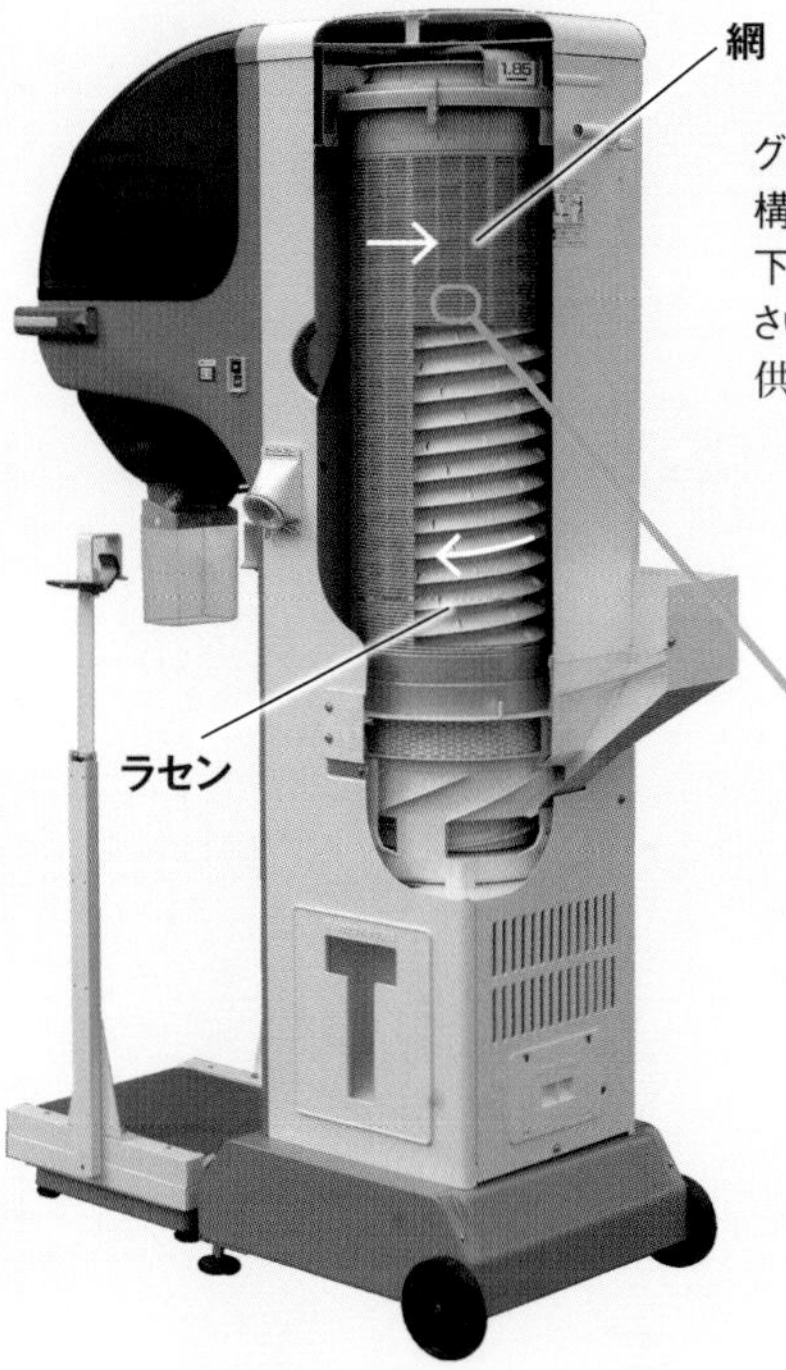

グレーダー（自動選別計量機）の構造。中のラセンが回って玄米が下から上に上がるときに網目より小さい米が網下にこぼれる（写真提供：タイガーカワシマ）

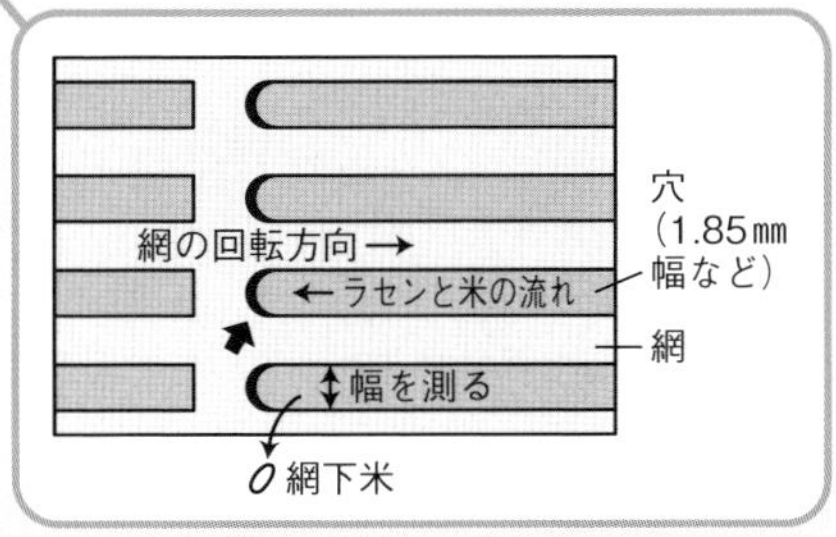

ラセンは向かって左方向に回転し、網は右方向に回転するので、摩耗すると網目の穴の左側（➡）が丸みを帯びてくる。網の幅を測り、広がっていれば交換する

「JAがライスセンターを新しくすると、その年は地域の米の収量が上がるんだよ。これ、ライスセンターの担当者がこっそり教えてくれるんだから、ホントの話」

お馴染み、サトちゃんがまことしやかに話してくれた。増収の原因は天候でも、栽培技術でもない。ライスグレーダーの選別網にあるようだ。

「グレーダーを使い続けていると摩擦で網目がわずかに広がってくる。するとせっかくの整粒がクズ米になる。わずか0・01㎜の広がりでも、かなりの量の米粒が落ちちゃうよ」とサトちゃん。

農機具メーカーのタイガーカワシマに問い合わせてみると、網交換の目安は30kg袋で1万5000俵だそうだ。内側から摩耗し、網目の穴の左側が丸く削れてくるらしい。より負荷がかかる下側の網目から摩耗してくるので、形状をチェックし、網目の幅を測ってみるといい。

なお、網を取り出すときに物に当たると広がってしまう可能性もあるので、慎重に。掃除をするときは、乾いた布や軟らかいブラシで内側のヌカを除去する。水洗いは厳禁とのことだ。

一等米、ふるい下米、クズ米、中米とは？

玄米の検査規格（水稲うるち、もち）

	最低限度		最高限度							
				被害粒、死米、着色粒、異種穀粒及び異物						
							異種穀粒			
	整粒（%）	形質	水分（%）	計（%）	死米（%）	着色粒（%）	モミ（%）	麦（%）	モミ及び麦を除いたもの（%）	異物（%）
1等	70	1等標準品	15	15	7	0.1	0.3	0.1	0.3	0.2
2等	60	2等標準品	15	20	10	0.3	0.5	0.3	0.5	0.4
3等	45	3等標準品	15	30	20	0.7	1	0.7	1	0.6

規格外―1等から3等までのそれぞれの品位に適合しない玄米であって、
異種穀粒及び異物を50%以上混入していないもの。

ところで、そもそも「一等米」の規格とはどういうものなのか。そこから漏れる「ふるい下米」「クズ米」「中米」とは何か？　それらが問題となる事情とは何か？

整粒歩合70％で一等米

上の表は、国が定めた検査玄米の規格。一等米の基準は整粒歩合70％。ただし、着色粒（赤米や直径１㎜以上の斑点米）の最高限度は０・１％で、１０００粒の中に２粒あるだけで二等になる。モミも４粒あると二等。こうした数粒含まれるだけで等級落ちする米もある一方、死米の最高限度は７％となっており、70粒まではOK。胴割れや虫害などの被害粒は１５０粒まで許される。さらに、生き青（透明の青未熟）やシラタ（乳白）といった未熟粒については、それだけなら30％（１０００粒中３００粒）までは混ざっていても一等米ということになる。

網目は広くなる傾向

現場の販売戦略から焦点となるのが、ふるい（ライスグレーダー）の網目だ。

これまで作況指数の算定に１・７㎜の網目幅が使われてきた。一方、産地では良食味とされる粒厚の厚い米を売りたいためにふるいの網目を広くする傾向があった（おおむね１・８〜１・９㎜）。そこで最近、作況指数算出の網目幅も１・７〜２・０㎜以上に見直された。

近年は登熟期の高温で十分に成熟しないために粒厚が薄い米が増える傾向にある。網目から落ちる「ふるい下米」（網下米あるいはクズ米）がいよいよ多くなっているのだ。ここにはいい米も潜んでいるため、もう少し小さい網目で再選別した米が「中米」だ。中米は業者が安く買い集めて主食用米にブレンドしたりしているといわれる。もったいない話である。

かしこく
貯蔵保存したい

フレコンバッグ

フレコンバッグで モミの常温貯蔵

玄米を保護するモミガラの力

玄米貯蔵でも、モミ貯蔵でも、気温が高くなれば米の品質は低下する。しかし、モミは硬いモミガラで覆われており、梅雨を過ぎても心配するほどの品質低下は見られないのではないか?

農文協から発行されている『ポストハーベスト技術で活かす　お米の力』の著者である佐々木泰弘先生（㈱サタケ技術顧問）はモミの常温貯蔵の可能性に着目し、著書の中で農家事例を紹介している。

山陰の湿度の高さを生かして貯蔵

モミの常温貯蔵を35年間実践しているのは鳥取県八頭町の田中農場。約5000俵のモミを風通しのよい倉庫にフレコンバッグで貯蔵し、全量を直販する。興味深いことに、モミを乾燥機に入れたら、一晩無加熱で通風してなじませ、2日目から熱を送る。さらに、一般的な乾燥の目安である水分15%にまでは落とさず、水分16%弱で止める。湿度の高い山陰地方の気象条件もあって、乾燥機で水分を下げても保管中に水分16~17%に水分戻りしてしまうので、あえて高めの水分で保管し、出荷時にもう一度15・3~15・5%に仕上げ乾燥するのである（太平洋側ではフレコンバッグをビニールで覆うなど水分を逃さない工夫をしないと過乾燥になるかもしれないとのこと）。

直販だから可能なやり方ではあるが、なるべくゆっくり自然に近い乾燥・貯蔵条件をつくることが、食味の向上にもつながっていそうだ。

また、「玄米貯蔵だと、どうしても肌ずれしたりして、夏にツヤが減ってくるが、モミ貯蔵ならツヤが保たれ、味もよい」といったメリットも、田中農場では感じているようだ。

穀物タンクとカイロで玄米の常温貯蔵

神奈川●今井虎太郎さん

フタ付きの穀物バンクで保管（児玉樹脂の「コクモツバンク」）

脱酸素材代わりの使い捨てカイロを入れると酸欠状態が保たれる

米の貯蔵

収穫後はすぐに玄米にして、低温貯蔵庫に入れるのが一般的。米の劣化やコクゾウムシ、カビの発生を防ぐためには温度15℃に保つことが必須条件とされている。いっぽう種子用のモミは発芽力を保つためモミのまま保存している。モミガラのもつ防湿性・断熱性を利用している。（編集部）

穀物タンクで玄米貯蔵

最近は、姫ごのみ（低アミロース米）を中心に、ハッシモや縁結びなどを作付けしているという今井虎太郎さん。米の値段は無農薬・無化学肥料で５kg２７５０〜３０００円。ネット産直を始めてから、３ha分の米はイネ刈り前までに完売できるようになった。

産直を始めたくても「大きい冷蔵庫がないからちょっと……」と躊躇する人もいるが、今井さんも米用保冷庫は持っていない。冬のあいだ米袋でモミ貯蔵しておいて5月頃までにモミすりをすませ、そのあとはドラム缶や穀物タンクに脱酸素材代わりの使い捨てカイロを入れて玄米貯蔵しているのだ。

使い捨てカイロで鮮度保持

やり方は次のとおり。使い捨てカイロ（未使用のもの）を、ドラム缶または穀物タンク一つ（１８０〜２００ℓ）に対して5個入れ、密閉。こうすると、カイロの中の鉄と、空気中の酸素が結びつき、ドラム缶の中が酸欠状態に保たれる。米が酸化せず、コクゾウムシの被害にも遭わない。

以前はドラム缶でモミ貯蔵して、注文を受けてからモミすりしていたが、気温が高くなる6月以降にモミすりして出荷した米に虫がわいたことがあった。今のやり方にして5年ほどは、虫被害がない。

　使用しているのはドラム缶が5個に対して穀物タンクが20個と、穀物タンクのほうが多い。穀物タンクのほうが密閉性がよく貯蔵効果が高いようだ。玄米を入れたドラム缶と穀物タンクは5月過ぎから9月いっぱいまで蔵に置く。

コンパネと発泡ウレタンで自作保冷庫

山口●宇岡光嘉

自作した保冷庫

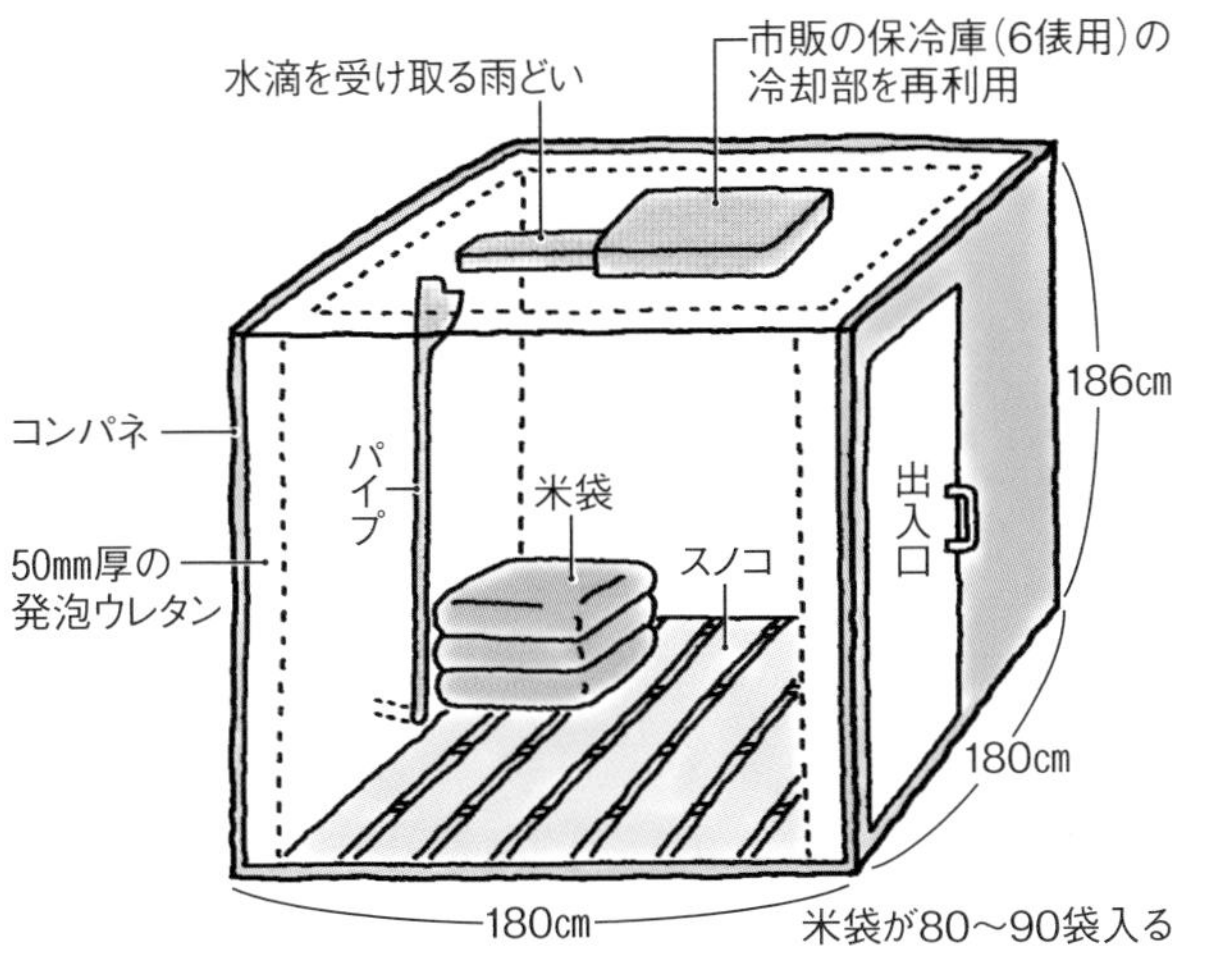

外壁にコンパネを使い、内側の底面、天井、側面すべてに50mm厚の発泡ウレタンを張って保温性を持たせた

昭和20年1月生まれの71歳です。おかげさまで、身体にどこも痛みを感じることなく過ごしています。

　図のような保冷庫を製作したきっかけは、愛読する『現代農業』で減農薬の記事を読み、万田酵素を使用して米づくりを始めたことです。できた米がおいしいとたくさん注文をいただき、納品数が増えたために保冷庫が必要になりました。山口県の北海道といわれるくらい寒い所に住んでいますが、夏場は米を保冷する必要があるのです。

　大きな保冷庫は高いため、自作することにしました。作った保冷庫は2畳の広さで高さ186cmです。外壁に塗装コンパネを利用し（ネズミ対策）、保冷のため、内側に50mm厚の発泡ウレタンを張りました。保冷庫内を冷やす機械は、市販の保冷庫の冷却部を取り外して利用。冷やすのに少し時間はかかりますが、13℃くらいまで下がります。

　お客様においしいといってもらえるのが、米づくりの源です。おかげで、3人の子どもを大学まで進学させることができました。親として役目は果たせたと思っています。（山口県山口市）

20万円自作保冷庫

愛媛●赤松保孝

私の住む愛媛県では、かつては6月に田植え、10~11月に収穫して、お米は翌年の梅雨を過ぎるとおいしくなくなると言われておりました。ところが、今や8~9月に収穫する早期米が多く、収穫後の高温、多湿、秋梅雨で、米の味はすぐ崩れてしまいます。

筆者と自慢の保冷庫。長府製作所の家庭用クーラー（8畳用10万円）と小型除湿機（3万5000円）

米の低温庫（保冷庫）を作ったのは、平成元年に特別栽培米をつくり始めた時でした。お米の品質をできるだけ長く保つには、湿度70％、温度15℃の低温で貯蔵することが必須条件です。市販の低温庫もありますが、米袋が約200袋入る大きさで100万円ほどと、とても値段が高い。そこで、当時、種卵をとる鶏を飼っていたのですが、それに使っていたアメリカ製のクーラー（最低温度15℃）を再利用できないかと思いついたわけです。

ところが、そのアメリカ製のクーラーが平成2年に故障。すぐ日本製を調べました。当時、どのメーカーも最低温度が18℃の仕様のものが多かったのですが、山口県の㈱長府製作所の家庭用クーラーの最低温度が16℃でしたので、さっそく取り付けてみました。付けてみてよかったなと思いました。8畳用10万円の家庭用クーラーで、2・5m四方の自作の米倉庫を見事に15℃まで下げることができたのです。

クーラーの仕様よりも低い温度にできたのは、断熱材とコーキングですき間を絶対に作らないようにしたからです。作り方は図を見てください。自慢の貯蔵庫はしめて約20万円でできました。

（愛媛県宇和島市）

低温庫の作り方

外側からみた保冷庫。2面は壁に接している。骨組みは、四隅と入り口の両側は9㎝角の柱を置き、その他は6㎝角の垂木を使う

材料

9㎝角の柱、6㎝角の垂木、厚さ2㎝の断熱材（なるべく分厚いもの）、コンパネ、壁板材、コーキング材、すき間止め

手順

❶垂木組の箱枠を作る
❷床、天井、側面（4面）に内側から断熱材を留め、コーキング材ですき間を塞ぐ
❸断熱材を挟むように内側と外側にコンパネかベニヤ板を張る。外側は外見をよくするために壁板材も張る
❹入口ドアの内側に断熱材、すき間止めを張る
❺家庭用クーラー、除湿機を設置

PART 4

精米名人になる

精米機の上手な使い方

福島●佐藤次幸さん、神奈川●今井虎太郎さん

（依田賢吾撮影、以下Y）

コタローくんが今度は精米機の使い方で悩んでいるというので、またまたサトちゃんがはるばる福島から神奈川のコタローくん宅にやってきた。

〈分づき精米をしたいのに、つきムラがあるんですよ……〉

機械の中に流量調整つまみがある

サト　コタローくん、玄米と白米だけじゃなくって、分づき米も売ってるんだってね。

コタ　はい。白米だとヌカがとれて、その分がもったいないから、できるだけ分づき米をおすすめしてるんです。

サト　へー、この精米機でどうやって分づき調整してるの？

コタ　操作パネルのダイヤルをだいたい目印のとこに合わせて……。

サト　えー!?　これがコタローくんの7分づきなの？　5分とか7分とか、どういう基準でやってるの？

コタ　アハハハ。じつはぼくもよくわからないんです。全体的な色を見て、これくらいかなって感覚でやってるんです。でも、よく見ると白米に近いようなあれば、玄米に近いようなものも混ざっていて、ムラがあるんですよね。

サト　操作パネルのダイヤルの数字はたんなる目安であって、それを基準にしちゃいけないよ。っていうか、そもそもダイヤルだけいじってたんじゃあ、5分米はできないよ。

コタ　えっ!?　この機械で分づき調整するダイヤルは、ここしかないと思うんですけど……。

サト　機械の中を見てごらん。ほれ、ここ。タンクの供給口のところに流量を調整するつまみがあるでしょ。分づき米をするときは、これを「少」にして流量を減らしてやるのがポイントなんだよ。

コタ　？？？

サト　あちゃ、そもそも精米機のしくみがわかってねーみたいだな。まずはそっから説明してみっか。

仕上がりにムラがあるのは流量が多いから

サト　どう、コタローくん？

コタ　はい。しくみはわかりました。

コタローくんが使っている精米機

負荷調整ダイヤル
抵抗板の負荷を加減して白度（分づきの度合い）を調整する

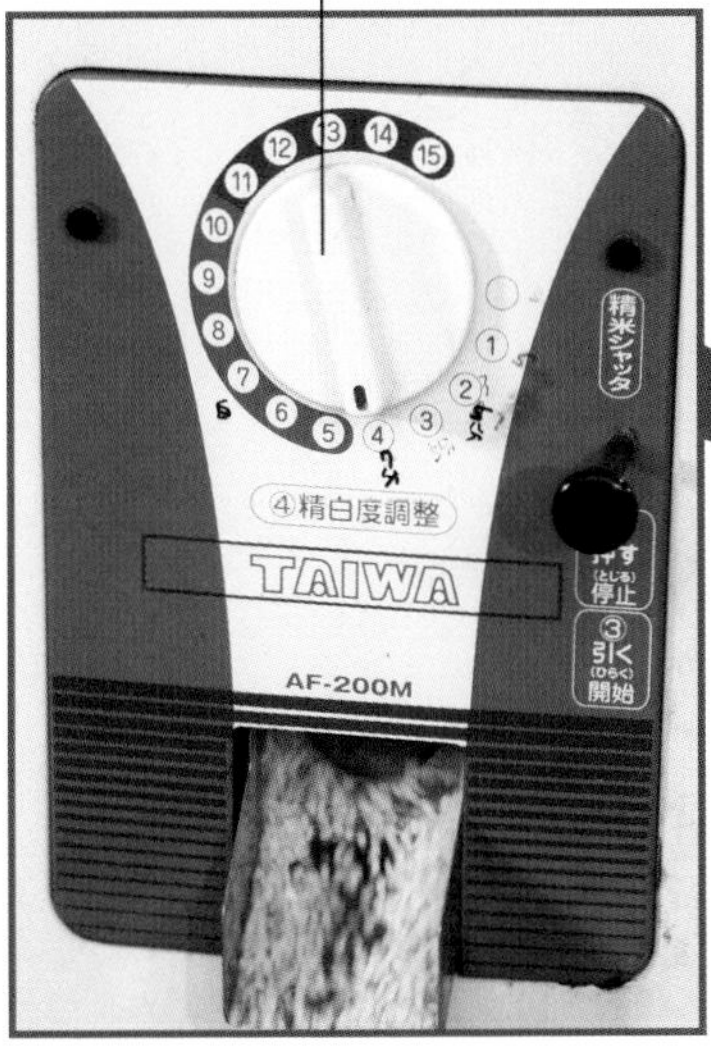

正面の操作パネル。コタローくんの分づき調整は、ダイヤルにメモした自分なりの基準に合わせて精米機のスイッチを入れるだけ

玄米の投入口（ホッパー）

米ヌカの排出口
サイクロン方式で、ファンで吸引した米ヌカを真下に落とす

扉

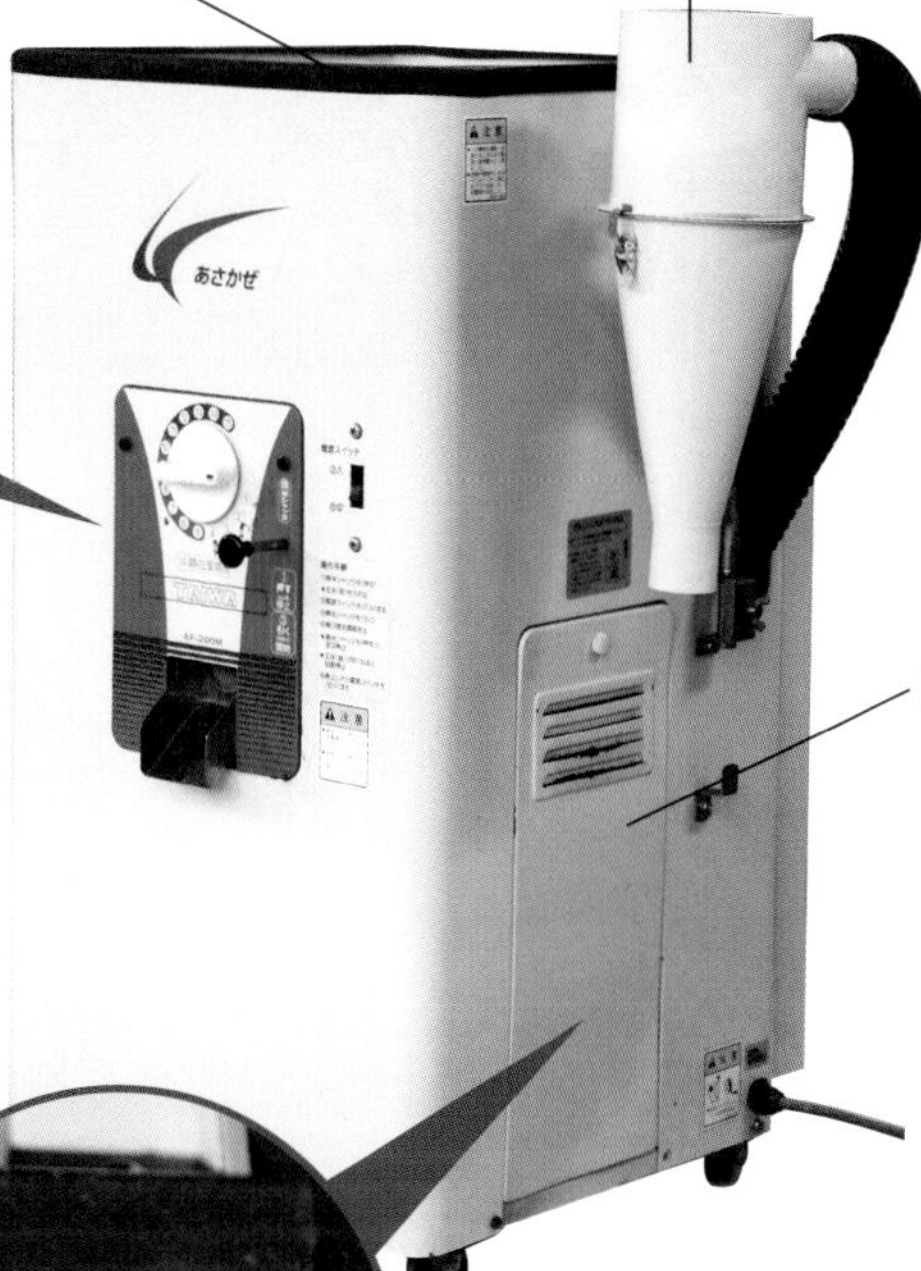

業務用では一般的な摩擦式の横型精米機だ

扉を開けると、ホッパーと搗精部のつなぎ口に、流量を調整するつまみがある。コタローくんは「多」の設定になっていた

- **精米機**
  - **摩擦式** 玄米どうしを擦り合わせる
    - **一回通し式**
      - **横型** もっとも一般的
      - **縦型** サトちゃんが使う
    - **循環式** 弱い負荷で何回転もさせるので時間はかかるが熱量が上がらず破砕米も少ない（103ページ）
  - **研削式** 砥石で精白　酒米などで利用

※摩擦式と研削式を組み合わせたものもある

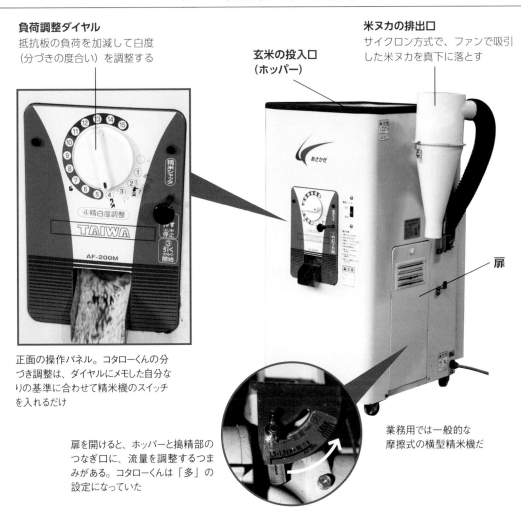

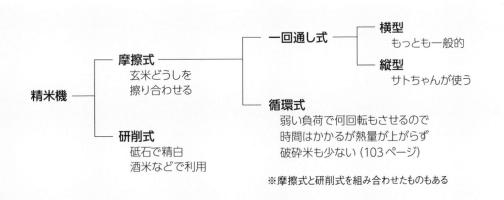

精米機のしくみ（横型摩擦式）

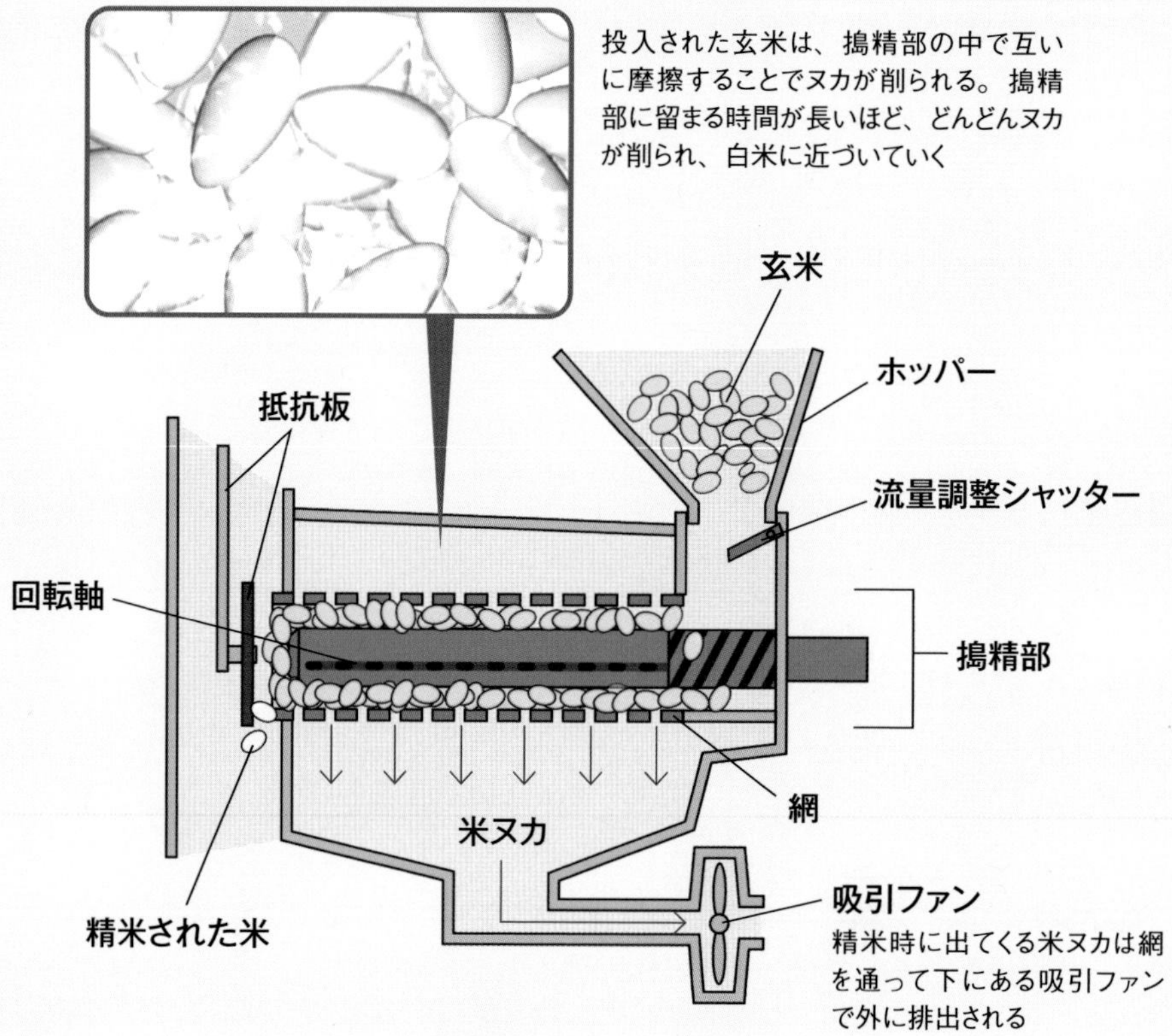
投入された玄米は、搗精部の中で互いに摩擦することでヌカが削られる。搗精部に留まる時間が長いほど、どんどんヌカが削られ、白米に近づいていく
玄米
ホッパー
抵抗板
流量調整シャッター
回転軸
搗精部
網
米ヌカ
吸引ファン
精米時に出てくる米ヌカは網を通って下にある吸引ファンで外に排出される
精米された米

搗精部に留まる時間を決めるのは、
①出口の抵抗板でかける負荷の強さと、
②入る玄米の流量。
この2つの組み合わせで分づきの度合いが決まるよ

でも、実際に調節するのは難しそうですね……。

サト　いや、簡単だよ。つまり、コタローくんの精米機はさあ、流量が一番多い状態になってたんだよねー。だから、分づきしようと負荷を弱めると米が一気に流れて、仕上がりにムラが出たんだよ。実際、5分米なのに玄米に近いものが混ざったりしてたでしょ。だから、流量を減らして米をゆっくり流しながら、負荷を少しずつ弱めていけば、ムラなく白度を落とせるってわけだ。

コタ　なるほど、そうだったんですね。しかし、10年以上使ってるのに、機械の内部に流量を調節するつまみがあるなんて、ぜんぜん知りませんでした。

サト　だからいつも言ってるでしょ。マニュアル（取り扱い説明書）をよく見ようよって。全部ちゃんと載ってるんだから！

〈分づきの基準は　米全体の色で判断すればいいんでしょ?〉
胚芽の残り具合を見る

コタ　じゃあ、改めて5分米をつくっ

分づきの調整法①　流量が一定の場合

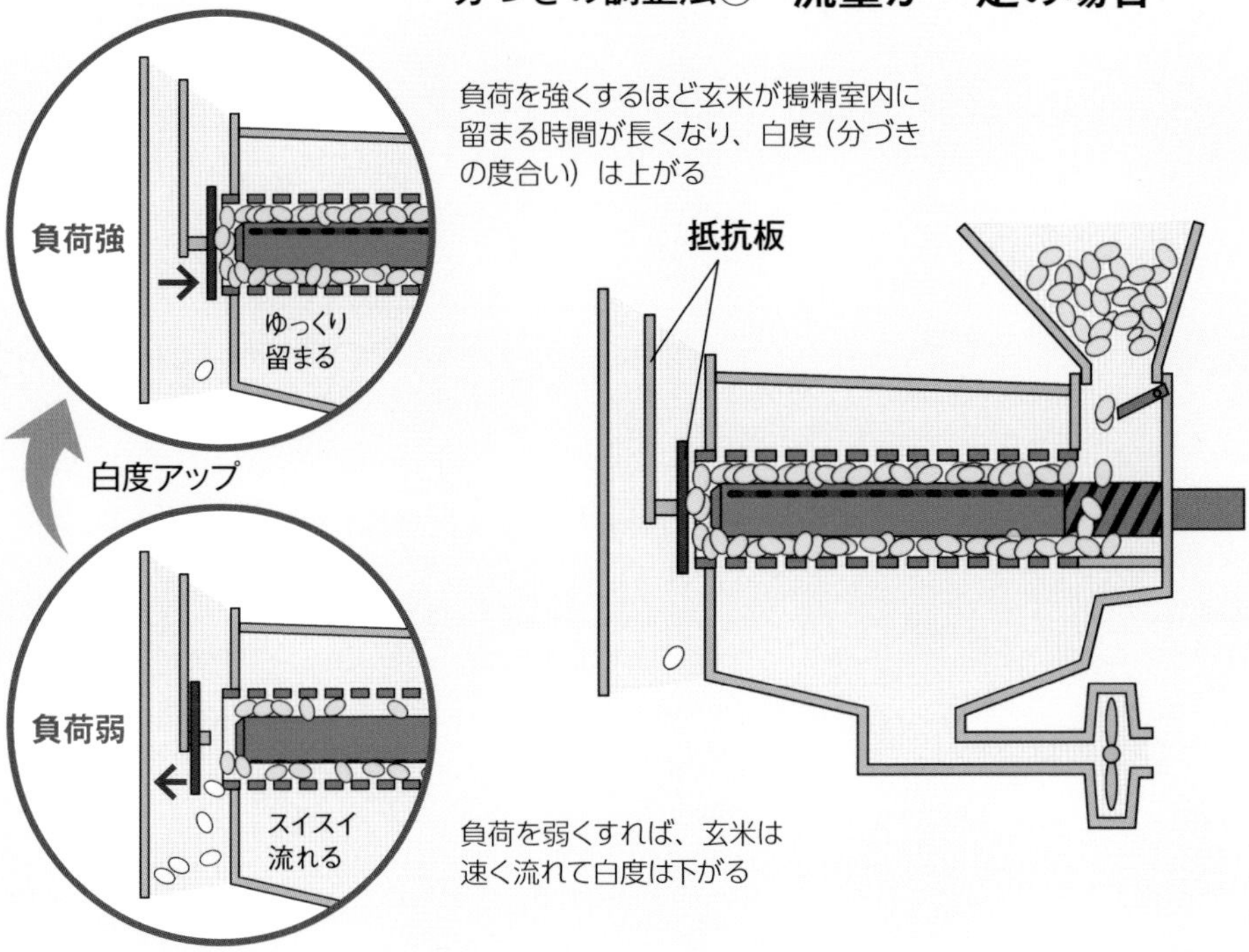
負荷を強くするほど玄米が搗精室内に留まる時間が長くなり、白度（分づきの度合い）は上がる
負荷強
ゆっくり留まる
白度アップ
負荷弱
スイスイ流れる
抵抗板
負荷を弱くすれば、玄米は速く流れて白度は下がる

分づきの調整法②　負荷が一定の場合

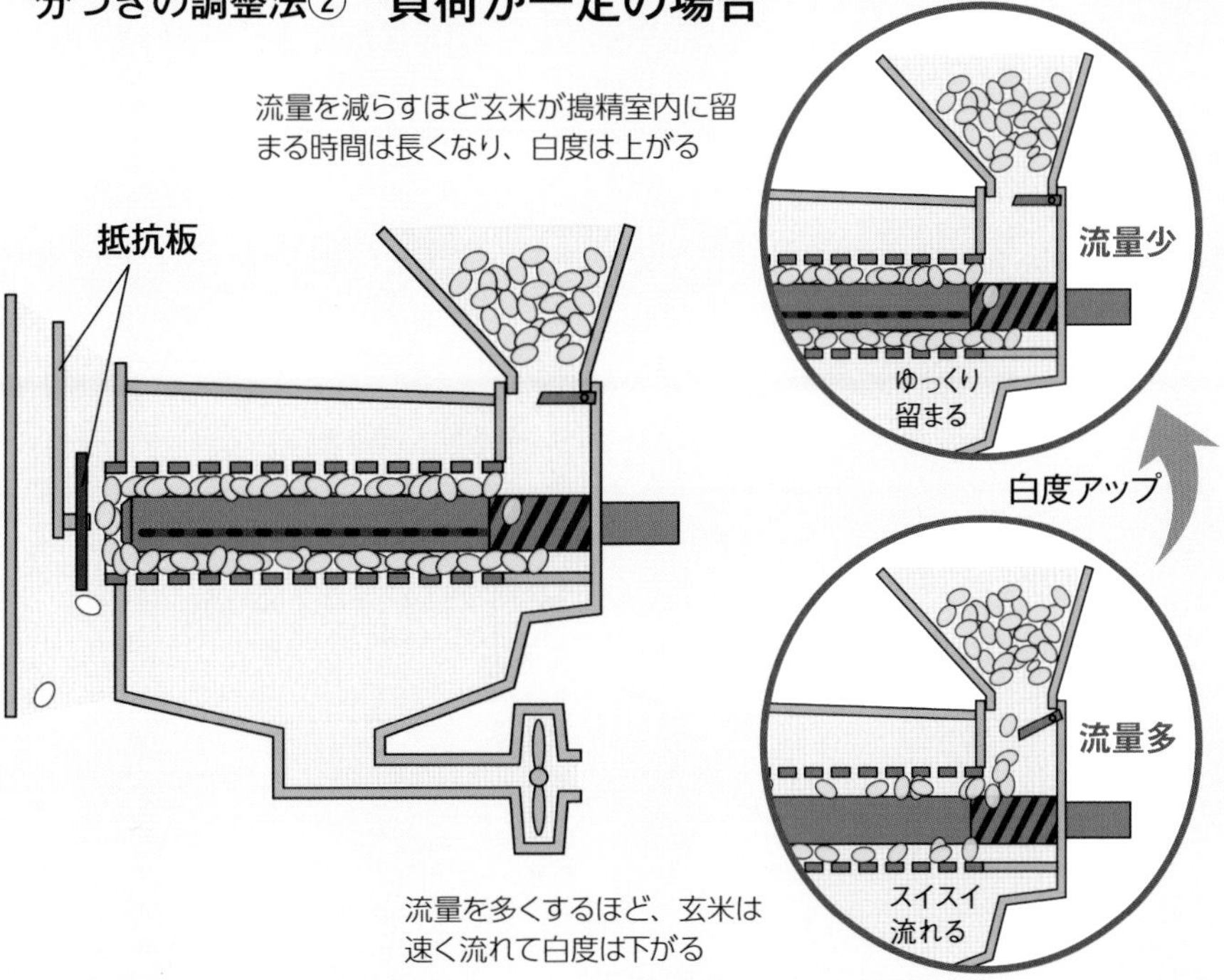
流量を減らすほど玄米が搗精室内に留まる時間は長くなり、白度は上がる
抵抗板
流量少
ゆっくり留まる
白度アップ
流量多
スイスイ流れる
流量を多くするほど、玄米は速く流れて白度は下がる

分づきの度合いを見るポイントは、胚芽の残り具合

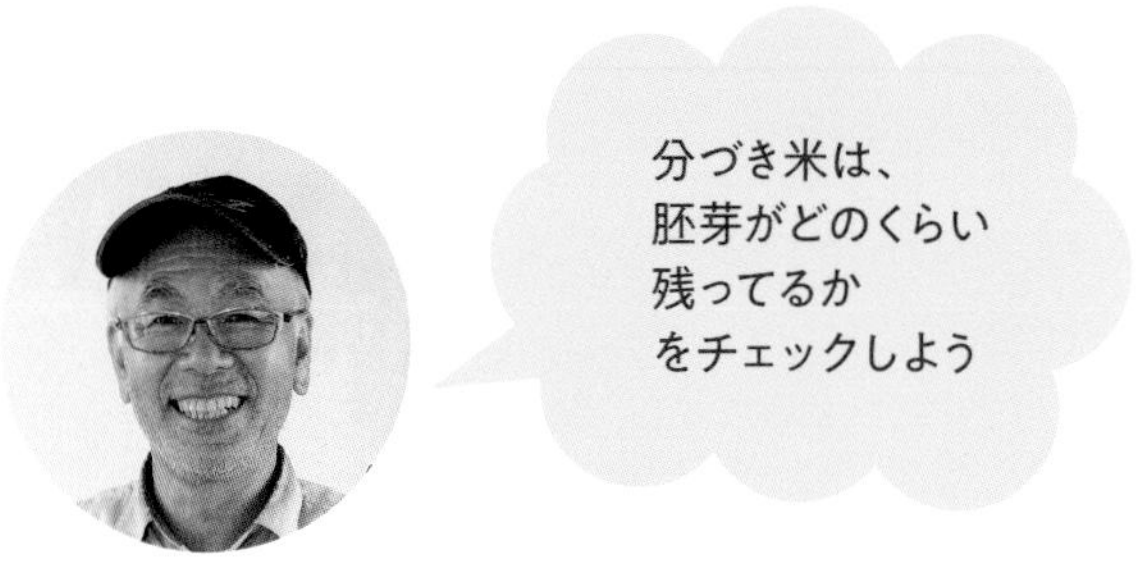

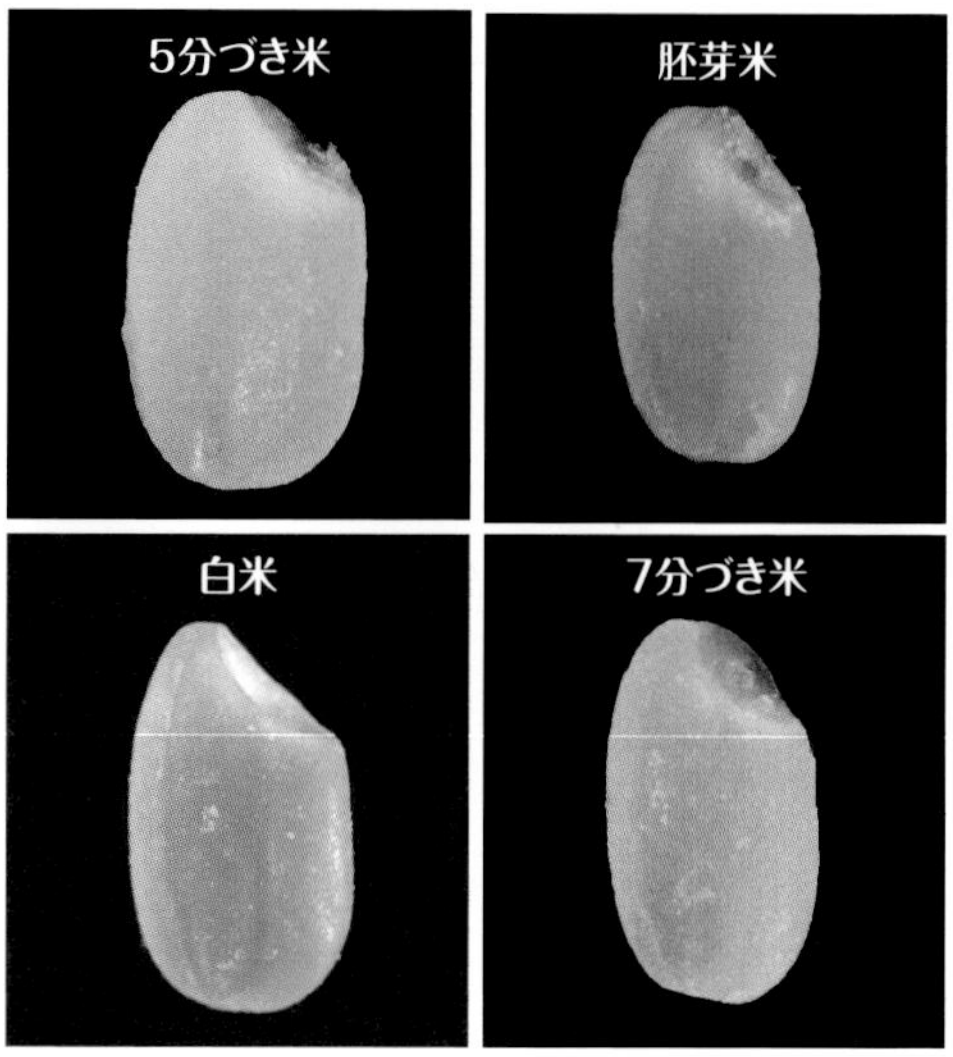

流量を多くしたままで負荷を調整していたので、分づきのムラが多かった

7分づきで表面は削られているが、胚芽がポチッと残っている。流量を少にして、胚芽の削れ具合を目で確認しながら負荷を調整した

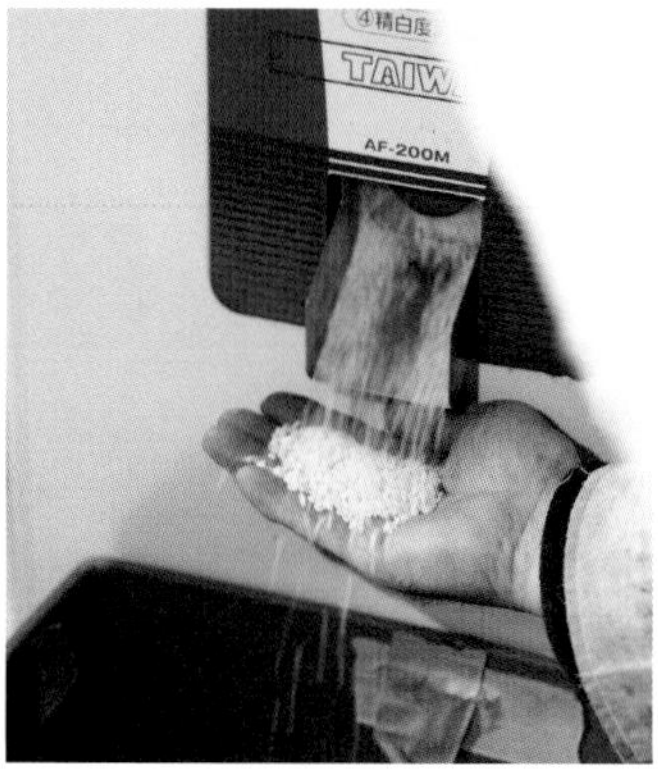

分づき精米をするときは、流量を少にして、胚芽の削れ具合を実際に目で見ながら、ダイヤルを回して負荷の調整をする。ダイヤルの数字はあくまで目安

てみます。流量は少にしたので、抵抗板のダイヤルを5のところにして……。（ゴー）

サト ちょっと待った、コタローくん。そもそもの話だけど、分づき米って何だと思う？

コタ えーと、5分づき米はヌカが5割残っていて、7分づきだとヌカが3割残ってるってことですか？

サト それ、どこで見てるの？

コタ 搗いた米全体を見て、色がどのくらい薄くなったかを見ながら……。

サト 米全体の色は、あくまで印象でしかないよ。見るポイントは、胚芽。ヌカが残っていても胚芽が全部落ちちゃってたら、分づき米とはいえない。胚芽が半分あったら5分。3割だったら7分づき。これが分づきの基準。なんとなーく、米全体の色を見るんじゃなくて、胚芽の残り具合をしっかり目で確かめることが大事だよ。

コタ そうなんですか。みんなだいたいの基準で決めてると思ってたけど、胚芽の削れ具合を見てたんですね。

サト だから、最初に言ったでしょ。操作盤のダイヤル数字（抵抗板の圧力）はただの目安。空気中の湿度や米の品種によっても胚芽の残り具合は変わってくるから、分づき精米するときは、こうやって手ですくって、胚芽がどれだけ残ってるか自分の目で確認しないと。数字はあてにしないほうがいいよ。

サトちゃんの「分づき」精米のやり方

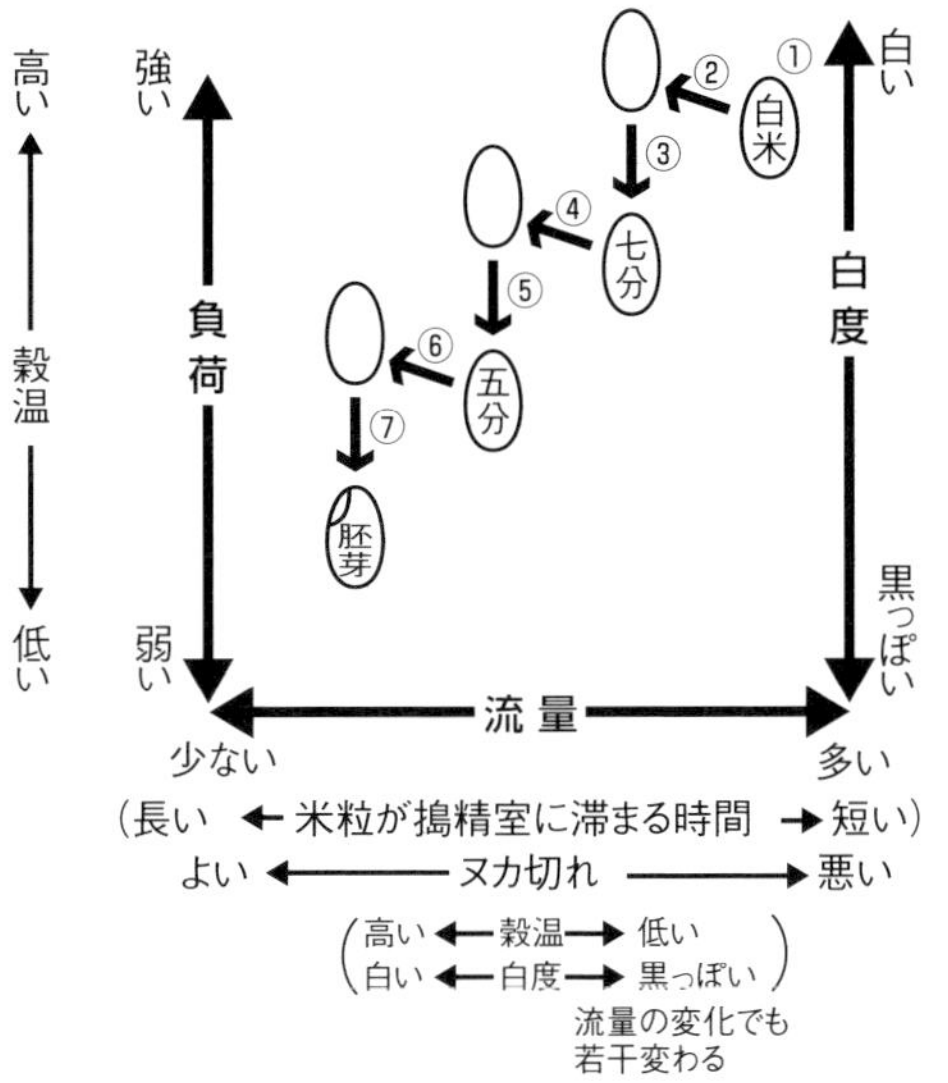

①標準設定でスタート

↓

②流量を減らす
（ヌカ切れはよくなるが、米粒が搗精室に滞まる時間が長くなって穀温が若干上がり、やや白くなる）

↓

③負荷を弱くする
（ヌカ切れがよいままで搗精室内の圧力と穀温が下がり、胚芽が少し残るようになる）

↓

④～⑦も同じ要領で流量と白度をバランスよく下げながら、穀温を上げずにヌカ切れもよくしつつ、確実に分づき米を作っていく

上が流量を調整する目盛り（流量調整の目盛りが機械の内側についている精米機も多い）。下は白度（負荷）の目盛り（右のダイヤルで調整）

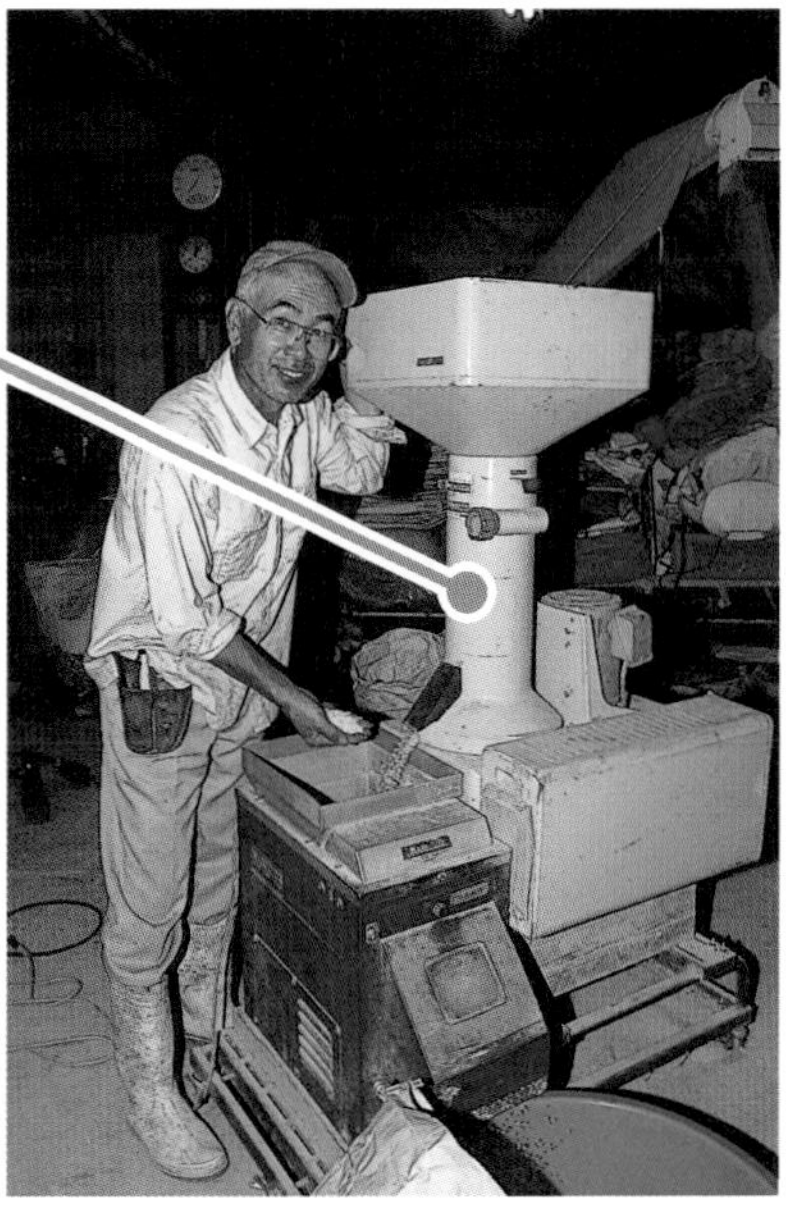

サトちゃんが使う精米機は摩擦式縦型精米機（山本製作所製）。サトちゃんは精米中に何度も穀温をチェック。少なくとも米を手で触ったときに「ぬるい」と感じるくらいの温度で精米するのがポイント

流量を減らす→負荷を弱くの順で調整

精米機には「白度」（負荷）を調整するダイヤルのほかに、流量を調整するダイヤルやレバーも付いている。単に白度を下げれば分づき米ができるかというと、そうはいかない。流量を変えずにただ負荷を弱くすると、流量が多すぎて米がザーッと流れる。中には、全然磨かれていない玄米も混ざり、ヌカもうまく分離されないまま出てくる。流量と負荷のバランスを取りながら精米するのがコツだ。

調整の手順はまず、負荷を弱くする前に流量を落とす。そうすると一時的に穀温は上がるけれど、ヌカ切れがよくなる。そうなったら徐々に負荷を弱くして、目標の分づきになるまで白度を落としていく。このやり方なら、ヌカ切れがいいまま負荷を弱くできるし、調整の間に白米は混ざることがあっても玄米が混ざることはない。

裏ワザ続出！

精米機の徹底掃除&メンテナンス

福島●佐藤次幸さん、神奈川●今井虎太郎さん

徹底掃除前の精米の仕上がり具合（Y）

精米しても、ヌカ切れが悪いんですよ……

コタローくん

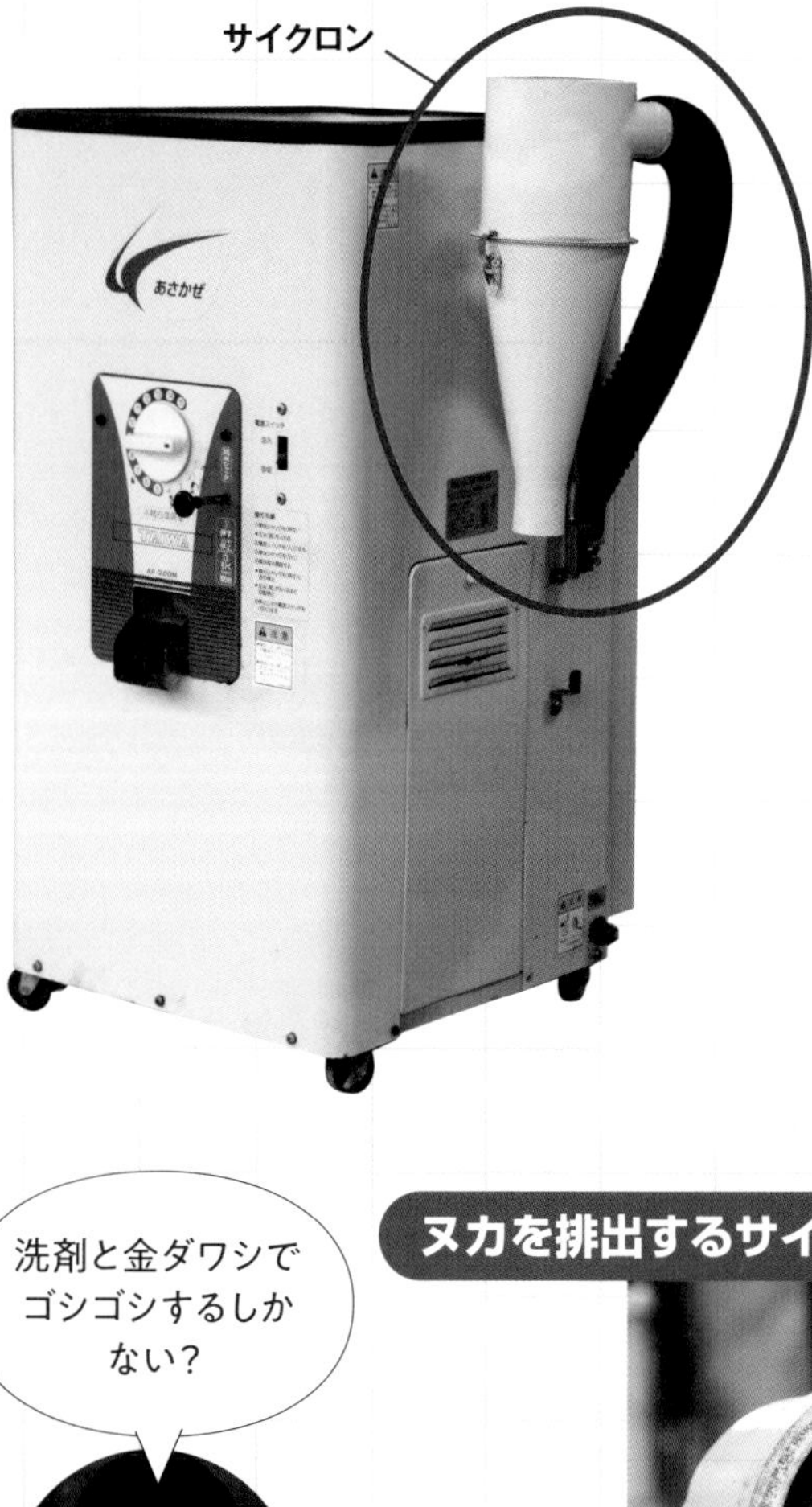

原因の一つはサイクロンの汚れだよ

サトちゃん

ヌカ切れが悪い原因①

ヌカを排出するサイクロンの内側がデコボコ

洗剤と金ダワシでゴシゴシするしかない？

サイクロンの内側。ヌカが固くこびりついて、ドライバーで擦ってもとれない

しつこい汚れは、「煮る」で解決！

いい湯だな〜

寸胴にお湯を沸かして、浸すだけ。
洗剤なしでもポロポロとれる

1時間後

すごい！
ポロポロとれていく

お湯で洗い流すだけでも、汚れが落ちていく

お湯から上げたら、
軽くブラシで擦った
だけでピッカピカに

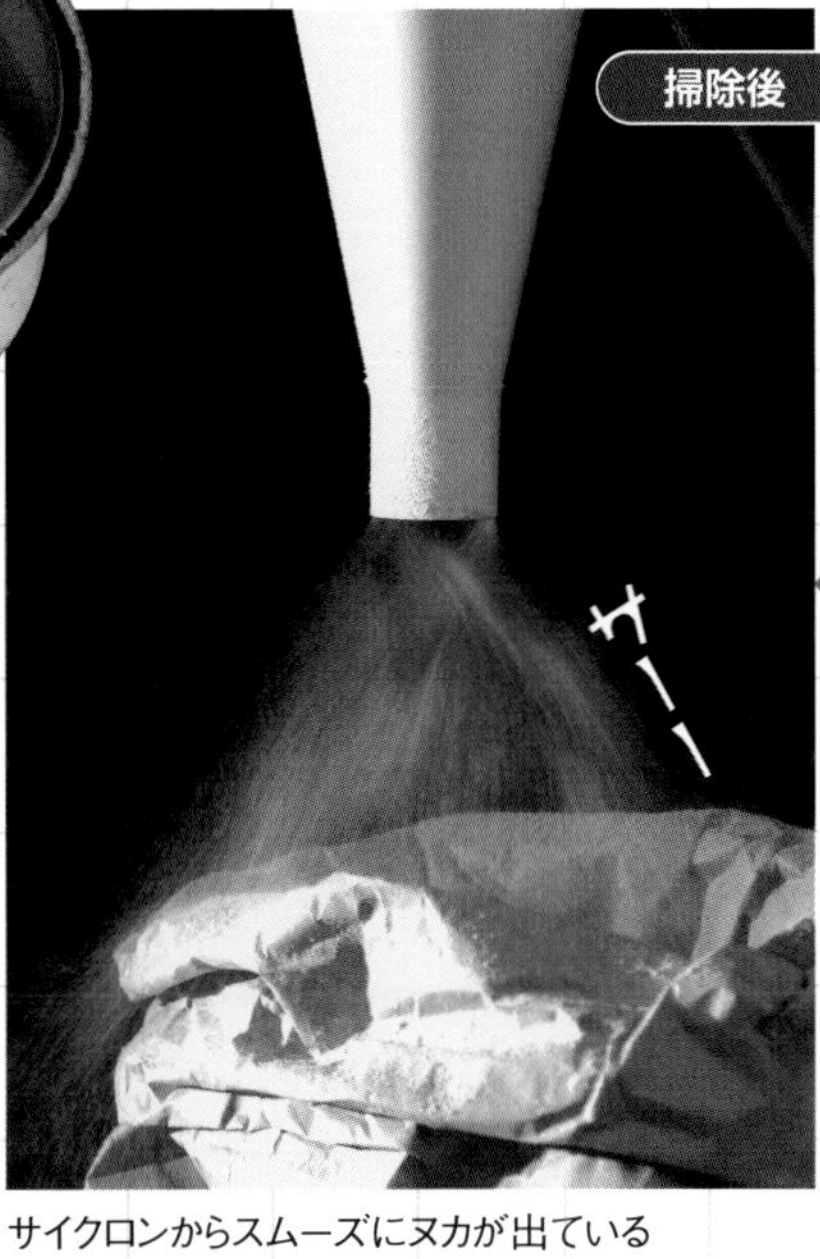
掃除後
サーー

サイクロンからスムーズにヌカが出ている

掃除前
パ…パッ…パ…

精米機を稼働させると、サイクロンから
ヌカがスムーズに出ず、パパッパ、パ
パッパと排出のリズムに波があった

仕上げに塗装もした。
長持ちさせるためには必須！

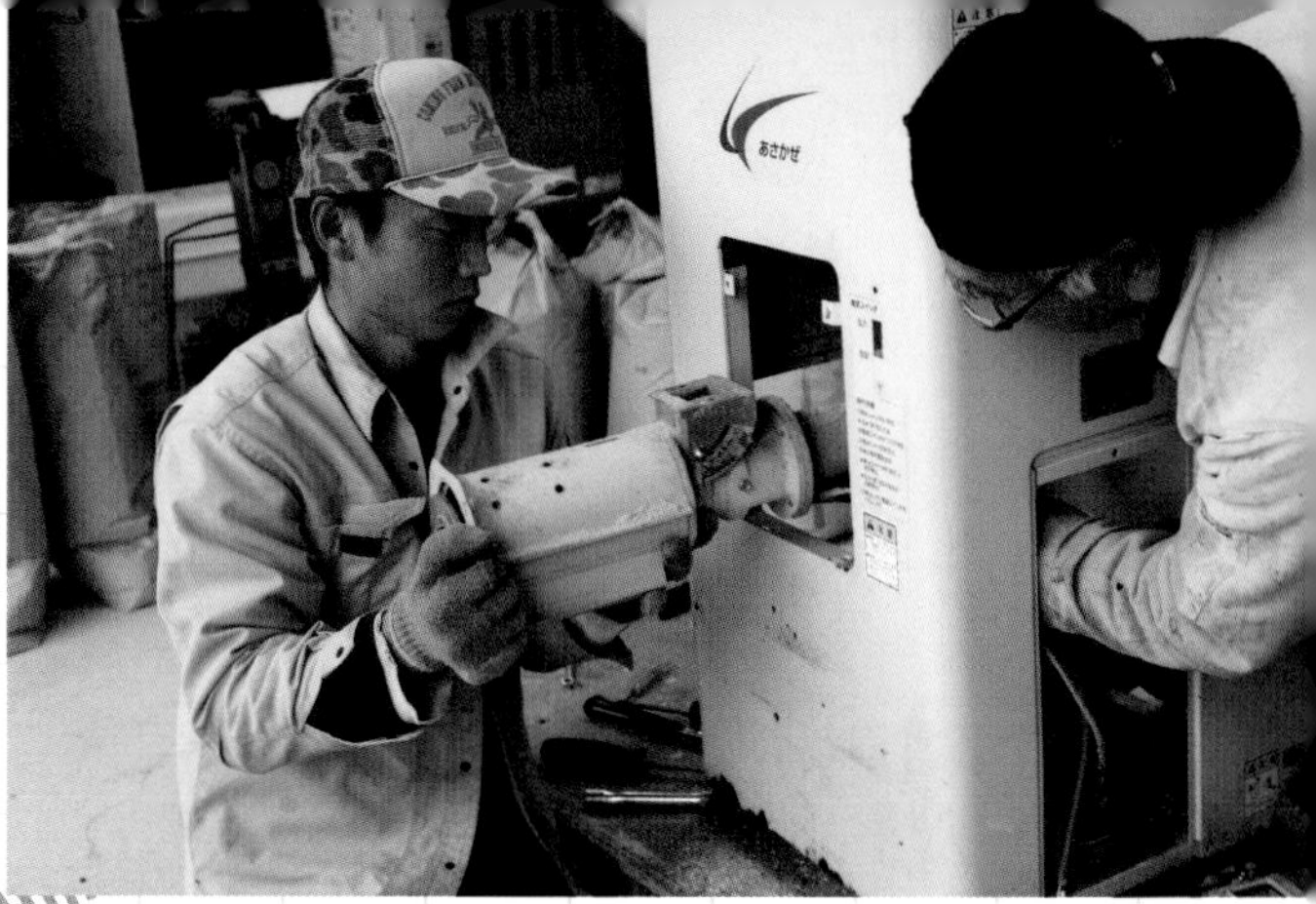

精米機の心臓部である搗精部を慎重に取り出す

ヌカ切れが悪い原因②

搗精部の網や回転軸にヌカが詰まっている

搗精部では下へ空気が吸引され、削られた米ヌカが吸い出される仕組み（92ページ）になっているが、網や回転軸が目詰まりして、米ヌカが抜けにくくなっていた

網

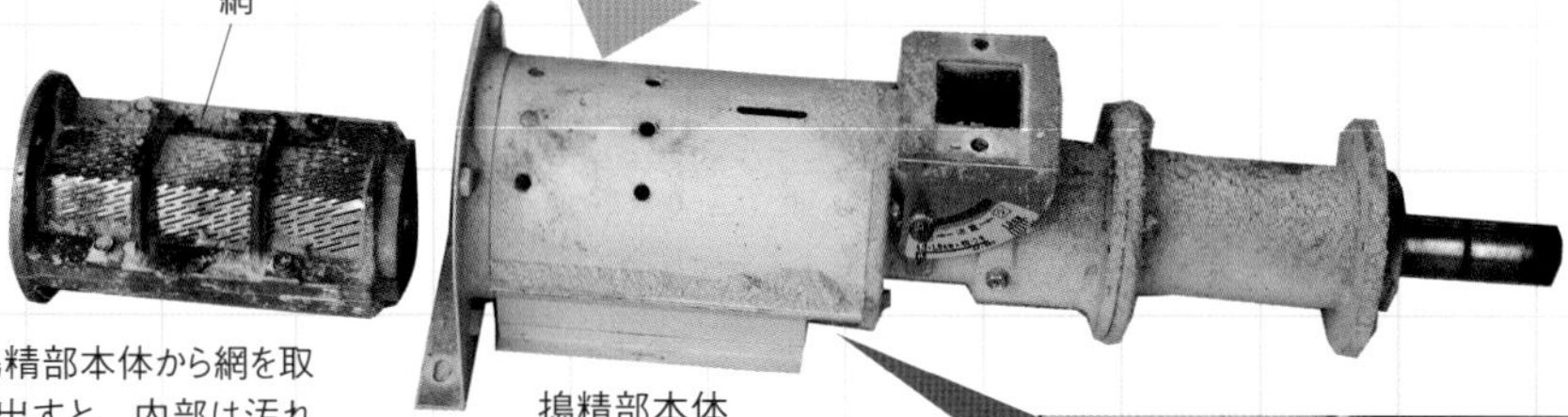

搗精部本体から網を取り出すと、内部は汚れがビッシリ

搗精部本体

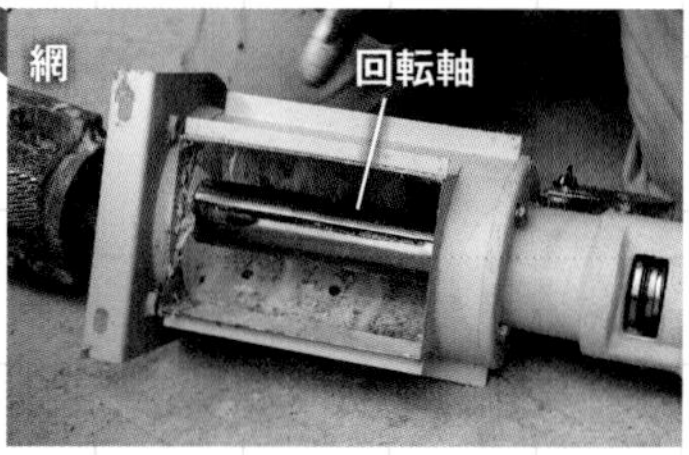

本体をひっくり返すと、回転軸が見える。回転軸と網の間で玄米が摩擦し、ヌカが削られる。回転軸の中心にある穴も目詰まりしていた

回転軸の目詰まりは、**畳のヘリ**で解決！

畳のヘリなど、丈夫なヒモを通して掃除する（Y）

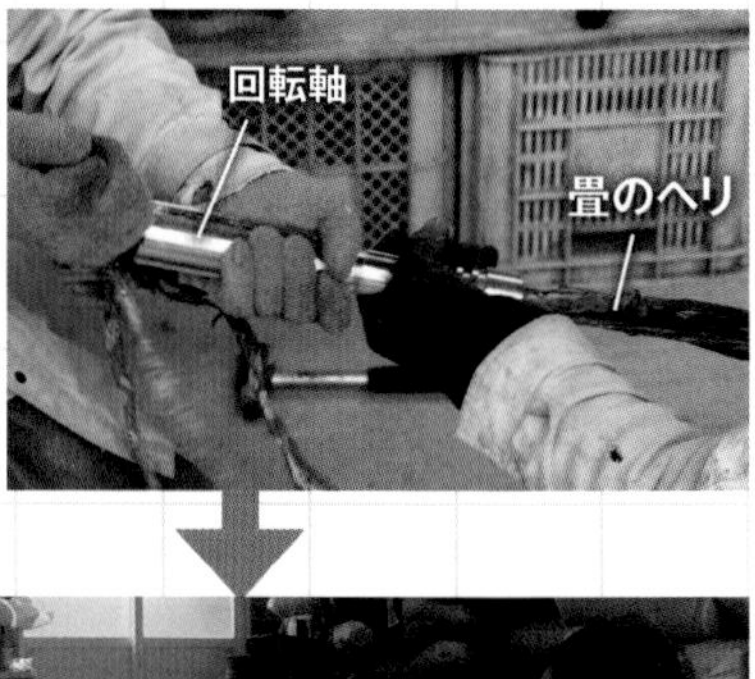

ピカピカになった！

共同作業ですね

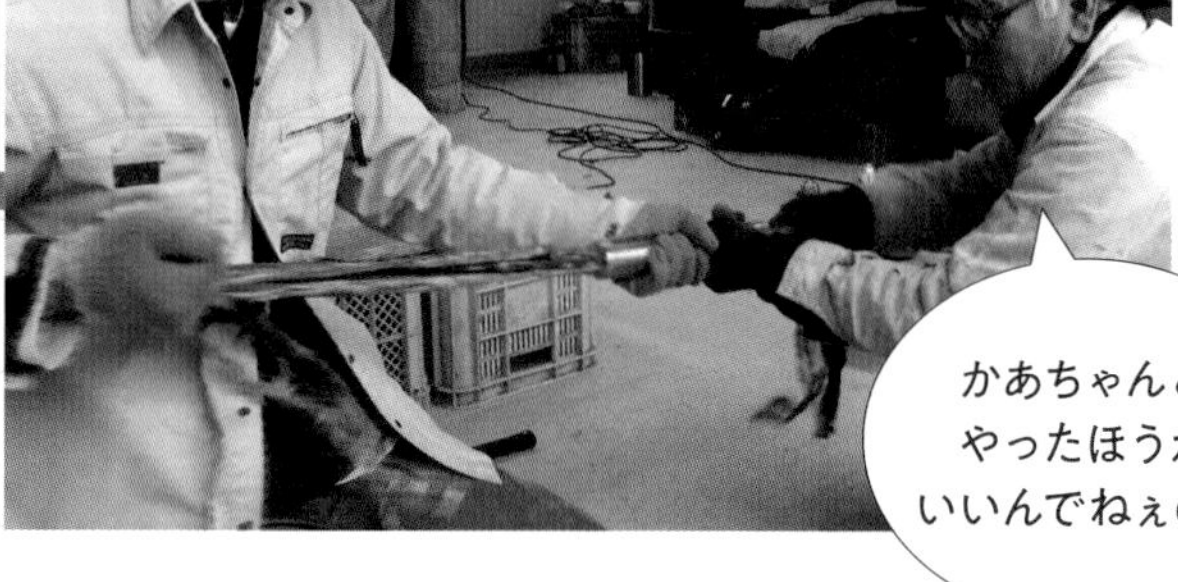

かあちゃんとやったほうがいいんでねぇの？

おまけ　サトちゃんの スピード２倍の米袋結び術

モミすりや精米の作業中、米袋をもたもた結んでいるコタローくんを見てシビレを切らしたサトちゃん。スピード結び術を伝授してくれた。コツは最初に空気を一気に抜くことだ。

スピードを測ってみたら、コタローくんは1袋結ぶのに約19秒、サトちゃんは10秒!

ルーラル電子図書館で
動画をご覧になれます。
https://lib.ruralnet.or.jp/video/

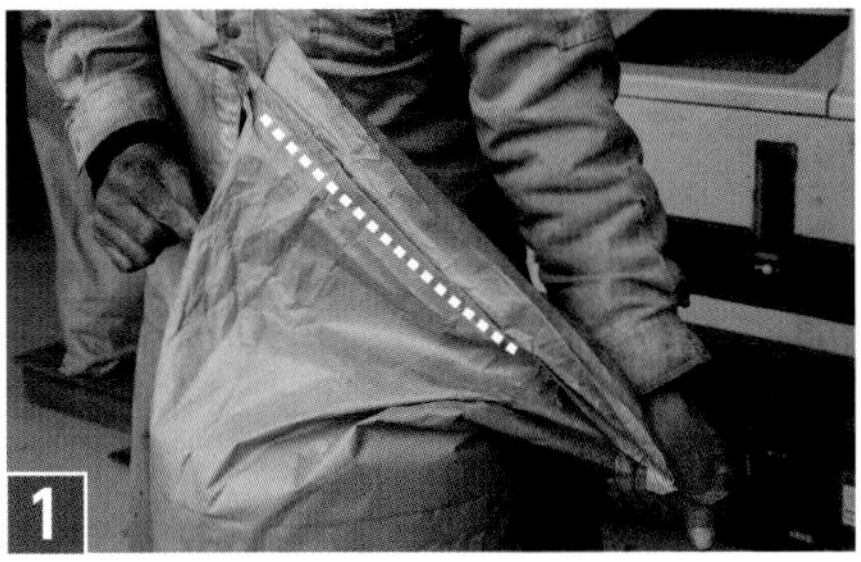

まず、米袋のヒモの下側の位置が折り返しライン（点線）というのを覚えておいて、片側（向かって左）を突っ張らせながら、もう片方を引き倒す

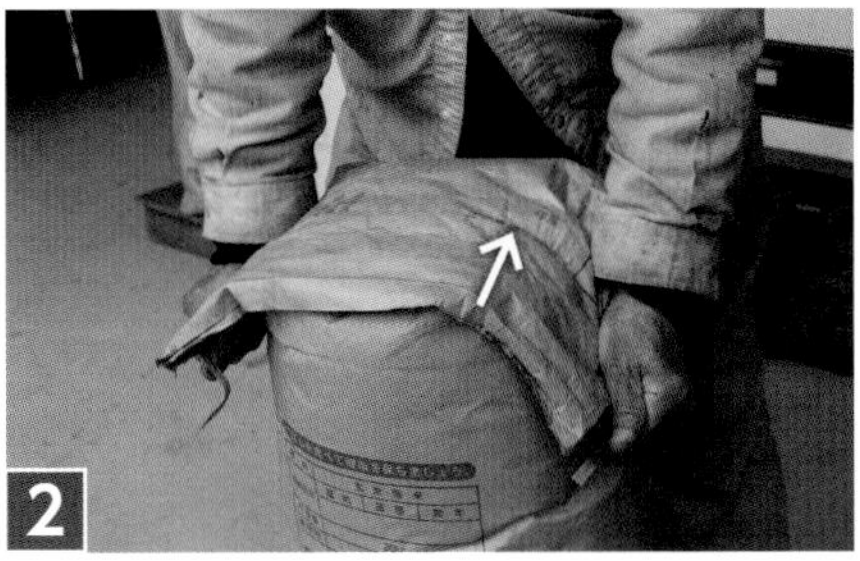

両端を下げて一瞬で袋の中の空気を抜く

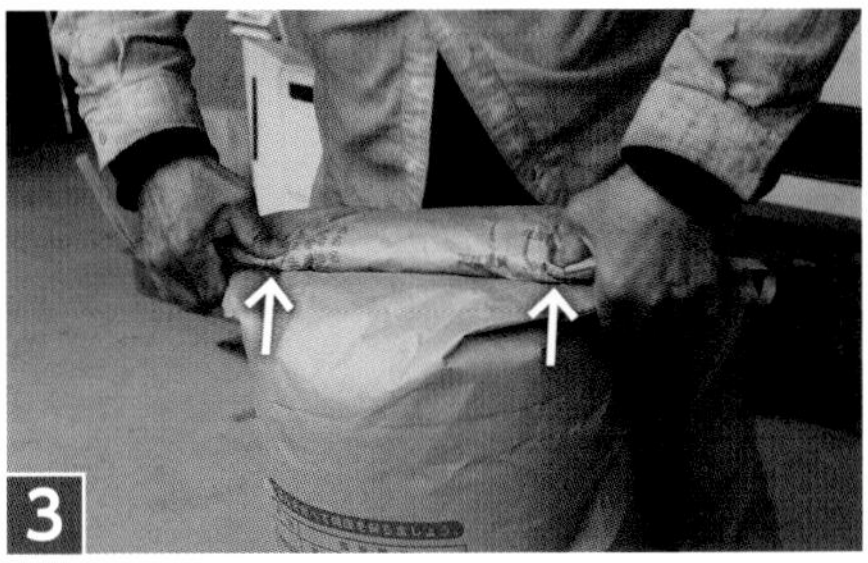

折り返しラインで折ってから、さらに3回折り返す

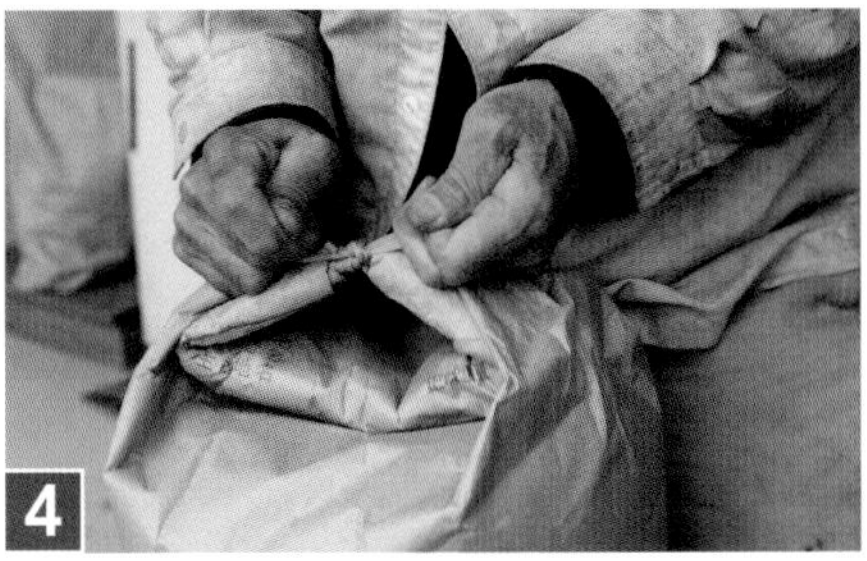

両端を真ん中に寄せてヒモを結べば完成

コイン精米機を経営に取り入れるコツ

石川●林 浩陽

精米したての米を食べてほしい

平成8年5月吉日、林さんちにコイン精米機がやって来ました。設置場所は、前年11月に建設した店舗兼もち加工場の敷地内。開通予定だった店舗前の大規模県道を通るお客様をターゲットに玄米販売を中心に行ない、精米をお客様自身にしてもらおうという作戦でした。

筆者とコイン精米機（2号機）。水田面積35haで75%を直売、うち半分は店舗で売ってます

林さんちのような小さな店舗では、せっかく精米しても、売れなければ精米日付が古くなってさらに売れなくなります。それにそもそも農家の生活では、玄米保存・自家精米が基本。精米したてのほうがおいしいからです。

売り上げアップ6箇条

コイン精米機にも、リースと買い取りがあります。リースだと機械代はかかりませんが、売り上げから毎月一定のリース料を引かれるため、買い取りのほうが利益は上がります。ただ初期投資を償却するには時間がかかるのと、メンテナンスは基本的に自分で行なわないといけません。でも何よりコイン精米機への愛着を考えると、圧倒的に買い取りに軍配が上がります。

そこで林さんちでは、内部留保を取り崩してキャッシュ一発でクボタ製を米ヌカタンクも含めて購入、しめて440万円。クボタ製にしたのは、林さんちの農業機械のほとんどがクボタ製だったことと、営業マンが熱心だったからです。

設置にあたって営業マンからノウハウを聞きました。これを確実に実施すれば、売り上げアップに繋がります。

①両替機の代わりに自動販売機を置く

→明かり代わりになり集客率アップ

②道路に面した入り口にする

→中に人がいることが外からわかる。

これらは、夜間、女性の方が精米するときの安心感になるというのです。なるほどと思いました。

③入り口に車をバックで駐車しにくい位置に設置する

→事故防止

④便利グッズを置く…ホウキ、チリトリ、小型ハケ、ガムテープ、計量カップ、体重計

これらを置くことでお客様も精米所

林さんちの店舗とコイン精米機。相思相愛、持ちつ持たれつの関係が続いている

を掃除してくれるので綺麗になりますし、袋を小分けするのに使ったりといろいろ重宝するようです。

⑤雑記帳（丈夫なノートとボールペン）を下げておく

集客のトドメは、やはりこの雑記帳です。お客様との交換日記のようなもので、機械の調子からお米の話、そして恋の悩みまで内容はさまざま。

書き込みには、必ず一人一人にコメントを返しています。その甲斐あってか、書かれたお客様は、必ずリピーターになっていただけます。また日々の農作業の様子を載せた「林さんちの田んぼ便り」も掲示してあります。

⑥米ヌカハウスを作ってお客様が米ヌカをセルフで好きなだけ持って行けるように工夫

米ヌカは、漬物・肥料・タケノコ料理・魚のエサ等々に、みなさん使いたいのです。

こうして始まったコイン精米機、「月10万円は軽くありますよ」という営業マンの言葉とは裏腹に最初は月1万円程度の売り上げでしたが、県道の工事進捗と比例して売り上げも月20万円にアップ、3年ほどで元は取れました。

でも、じつは売り上げアップの一番の理由は、毎朝の掃除を母親が綺麗にやってくれていることのようです。「ここの精米所は、綺麗だから来た」という雑記帳の多くの書き込みからわかります。綺麗な精米所だと、お客様も掃除に協力していただけます。そのための便利グッズです。綺麗だと、困ったお客様（泥棒さんとか…）も来なくなります。

まめなメンテナンスも必要

また重要なのが、メンテナンスです。これにも雑記帳が役立ちます。「いつもより黒い」「米ヌカが付着する」等々、コイン精米機の調子について貴重な情報が書かれるからです。

精米機の調子は、お米の新旧・季節・気温で少しずつ変わります。なるべく一定の性能を発揮させるには、やはり自分でメンテナンスする必要があります。いちいちメーカーを呼んでいたのでは遅すぎるのです。

それでも品質の悪いお米を入れると、精米時間が足りなくなってコイン不足になります。そこで通常の設定では10kg精米100円で2分のところ、林さんちのコイン精米機は2分20秒ほどに延長してあります。

米ヌカタンクは外付けがオススメ

あとは米ヌカ対策です。林さんちでは米ヌカタンクを外付けにして、米ヌカは米ヌカハウスに溜めるようにしています。米ヌカハウスを作ったのは、米ヌカを無料サービスする意味と、コイン精米機内部に米ヌカを置かないため。どうしても虫が湧くのです。

ただ中には米ヌカタンクのフタや米ヌカハウスの入り口の戸を閉めていかない困った方がいます。朝、コイン精米機の周りに米ヌカが噴き出しているといったこともしばしば。さらに米ヌカタンクから米ヌカが噴き出して隣の交番のパトカーが真っ白！　しまいには逮捕されます!?

トラブルにも迅速に対処

そんなトラブルのことを考えて、コイン精米機には社長の私の携帯番号を書いてあります。24時間営業なので、店舗の開いていない休日、そして夜間でもいきなり電話がかかってきます。今までのトラブルを挙げると…

・コインを精米機の中に落とした!

↓即、精米を中止してもらい、後部から抜きます。後述の新型コイン精米機にはコイン除去装置が付いていますが、100円玉が精米機心臓部を瞬間的に破壊します。

・精米機が動いているのに精米しない

↓笑い話ですが、精米が出てくる受け口に玄米を入れる方もチラホラ。

・精米中に停止した

↓コイン切れの場合は100円追加ですみますが、そうでない場合は、超ヤバイ。最悪は、100円玉が精米部を破壊した。そして意外に知られていないのが、モミすりしたての玄米を精米すると、中でもち状になって精米機を詰まらすのです。いずれの場合も機械を全バラシになります。

2号機もやってきた

そんな苦労をしながら、7年後には月売り上げ27万円を記録しました。でも以降少しずつ売り上げが下がり始め、月15万円ほどにダウン。原因は、機械の老朽化と、近隣に新型コイン精米機がいくつか設置されたことです。

そこで平成17年6月、2号機として新型コイン精米機を475万円にて購入。無洗米にできるクリーン精米機能・コイン除去装置・残米ゼロ機能を装備、精米データもすべて中のコンピュータに記録されている優れものです。

ただ2台設置により売り上げが2倍になるのかと思いきや、残念ながら月平均21万円の売り上げ。でも漸増中です。それに2台あればお客様は込み合う日曜日にも待たずにすみますし、どちらかが故障メンテナンスで止まっても、お客様に迷惑をかけずにすみます。何より林さんちの店舗は玄米販売が基本なので、店舗の売り上げも、コイン精米機によって支えられているのです。

手をかけると応えてくれる

さて最後に、コイン精米機を導入されたい方にアドバイス。最近は多くの高性能機種が販売されていますので、選り取りみどりです。営業マンの優秀なところから買いましょう。でも借金して購入すると、元を取るのに時間がかかります。目論見が外れた場合、返済額のほうが売り上げを上回るなんてことにもなりかねません。

あと購入に必要な条件があります。まずは動力電源。わざわざコイン精米機だけに引くのは効率的とは言えません。できれば店舗や工場から延ばせるとグッドです。そして駐車場スペース、お客様の入れ替わりを考えると、横広がグッド。

加えて必要なのは「コイン精米機は、自動入金装置ではない。手間のかかる可愛い機械と思え」という心構えです。ただ置いておくだけでドンドンお金が入ると思って導入すると、エライ目にあいます。せっせと手をかけて世話をしてあげてください。そうすれば、きっと応えてくれるはずです。

(石川県石川郡野々市町藤平132
http://www.hayashisanchi.co.jp)

じっくり時間をかけるから米がうまい、破砕米がない
循環式精米機の精米所

千葉●市原 勲

市原勲さん。自宅がある茂原市から精米所がある大多喜町まで土日だけ通う。精米料は30kg400円

市原精米所の大型循環式精米機。投入部に玄米を入れると、昇降機を使ってタンクへ運ばれ、精米部に落ちる。精米部は手前に向かってラセン状になっていて、重いフタを押し上げて出てくる米は網目状の傾斜を転がり、再び昇降機へ

精米を始めて20分後。精米完了（15kg）。米はほんのり温かい

精米部から米が出てくる様子。フタの重さを変えることで米にかける圧力を調節できる。米ヌカは網目を通って下へ落ちる

定年退職を機に5aの畑で家庭菜園を楽しんでいる市原勲さん（72歳）。大多喜町にある実家は昭和2年創業の精米屋だ。昔ながらの循環式精米機で米を搗くから「米の味がいい」「破砕米がない」と、根強いファンがいる。

9年前、勲さんのお父さんが他界。それでも「精米が悪いと米の味が落ちる」「コイン精米機では満足できない」と常連さんはやってくる。その需要にこたえるべく、勲さんが父親に代わって土日限定で精米所を開けるようになった。まったく儲けにはならないが、固定客約20軒のために、月平均で360kgのお米を搗いている。

さて、その循環式精米機とはどのようなしくみなのだろう。一般的な精米機は、米が精米機の中を1回通る間に圧力をかけ、お米同士をこすり合わせることで精米する。対して循環式精米機は、精米機の中でお米を何回転もさせる。一度にたくさんの圧力をかけずにじっくり精米するので、米が熱を持たずに品質が落ちない、破砕米が出にくい、と嬉しいことだらけなのだ。30kgの米を精米するには約40分かかるという。

ビールケースと滑り止めグローブで持ち上げがラクに

千葉●飯島和人

ビールケースに米袋を載せたところ。計量機とケースは高さがそれほど変わらないので、米袋の上を掴んで上げれば、簡単に載せられる

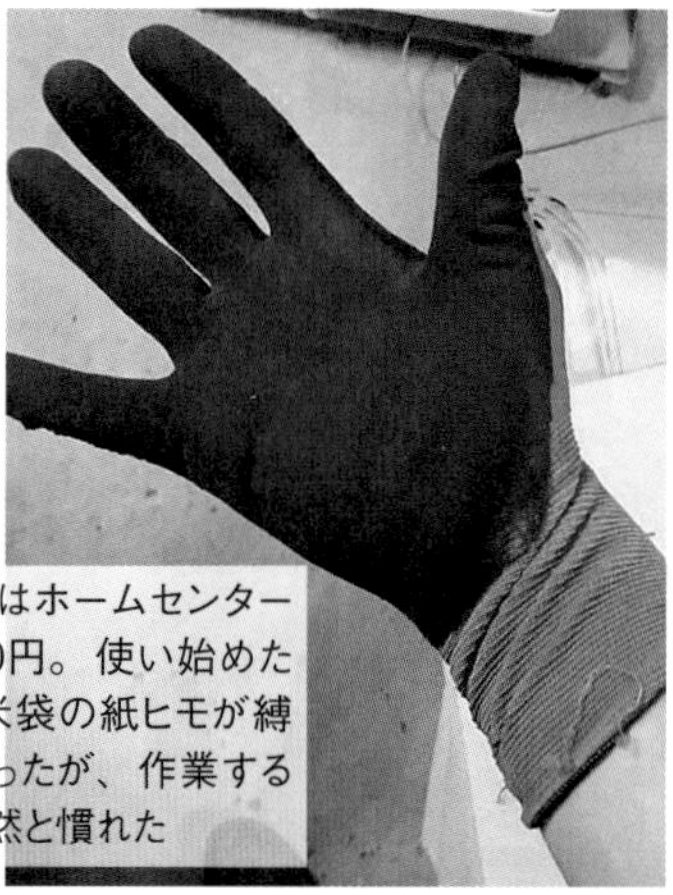

グローブはホームセンターで約300円。使い始めた当初は米袋の紙ヒモが縛りづらかったが、作業するうちに自然と慣れた

以前は米袋を地面から持ち上げていたけど、数年前に高さ30㎝ほどのビールケースの上に載せてから抱え上げるやり方に変えたら、腰を折らずにすむのでだいぶラクになった。身長172㎝の自分には、地面から最初の30㎝を持ち上げるのが大変だったようだ。

たぶん腰の高さまで上げられればベストなんだろうけど、人力で腰まで上げるのはムリ。かといって、専用の持ち上げ装置は費用もかかるし場所もとる。ベストじゃないけどあらゆる面でベターなのが「ビールケース」だと思う。

また、この作業の際には滑り止めグローブを着用している。使い始めたきっかけは、うちに集荷に来る米屋さんたちが、みんな着用していたこと。握力の足しになり、以前は米袋を「グッと掴んでいた」イメージだったが、「手を添える」イメージで持つことができるようになった。

グローブをすると、指や手のひらの摩耗もなくなる。毎年シーズン終盤は手がヒリヒリ痛くなっていたけど、グローブをしている限りそれはない。一番のメリットはこれかもしれない。

（千葉県いすみ市）

福島・佐藤次幸さんの米
（倉持正実撮影）

キャスター付き昇降機

栃木●植木貢一郎さん

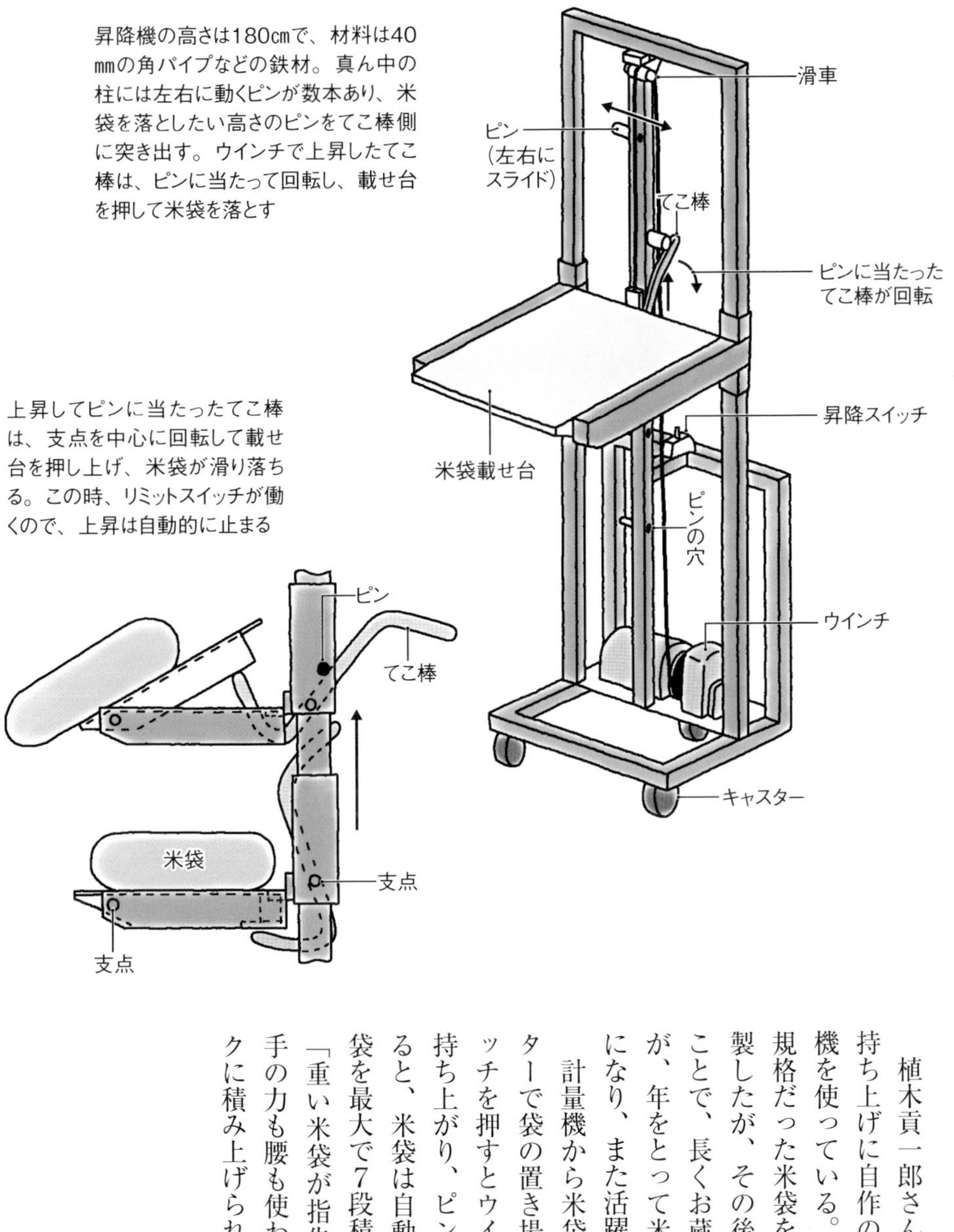

昇降機の高さは180㎝で、材料は40㎜の角パイプなどの鉄材。真ん中の柱には左右に動くピンが数本あり、米袋を落としたい高さのピンをてこ棒側に突き出す。ウインチで上昇したてこ棒は、ピンに当たって回転し、載せ台を押して米袋を落とす

上昇してピンに当たったてこ棒は、支点を中心に回転して載せ台を押し上げ、米袋が滑り落ちる。この時、リミットスイッチが働くので、上昇は自動的に止まる

植木貢一郎さん（81歳）は、米袋の持ち上げに自作のキャスター付き昇降機を使っている。数十年前、当時60kg規格だった米袋を持ち上げるために作製したが、その後30kg規格に変わったことで、長くお蔵入りしていた。それが、年をとって米袋を重く感じるようになり、また活躍している。

計量機から米袋を載せたら、キャスターで袋の置き場に移動。手元のスイッチを押すとウインチが駆動して台が持ち上がり、ピンで指定した高さになると、米袋は自動的に滑り落ちる。米袋を最大で7段積むことができる。

「重い米袋が指先1本で持ち上がる。手の力も腰も使わないから、本当にラクに積み上げられる」

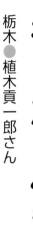

作業場見せてくださ〜い！
掃除機で米袋をエアキャッチ

京都府綾部市 志賀塚身さん
取材と絵 トミタ・イチロー

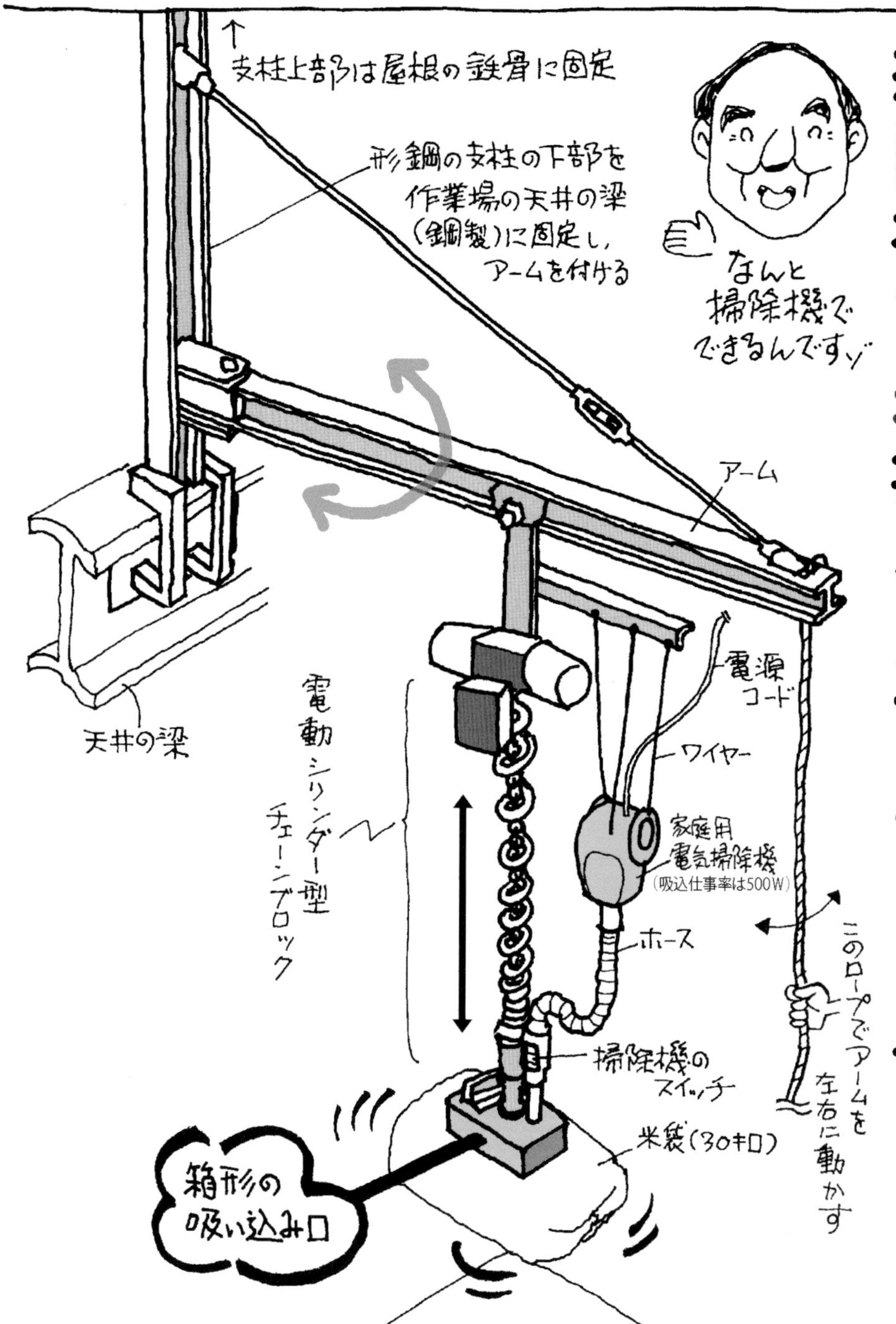

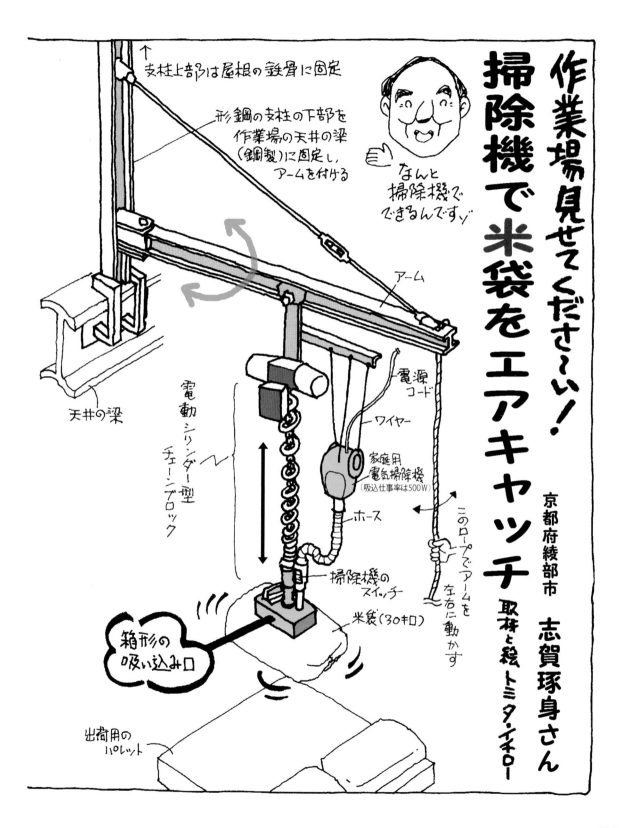

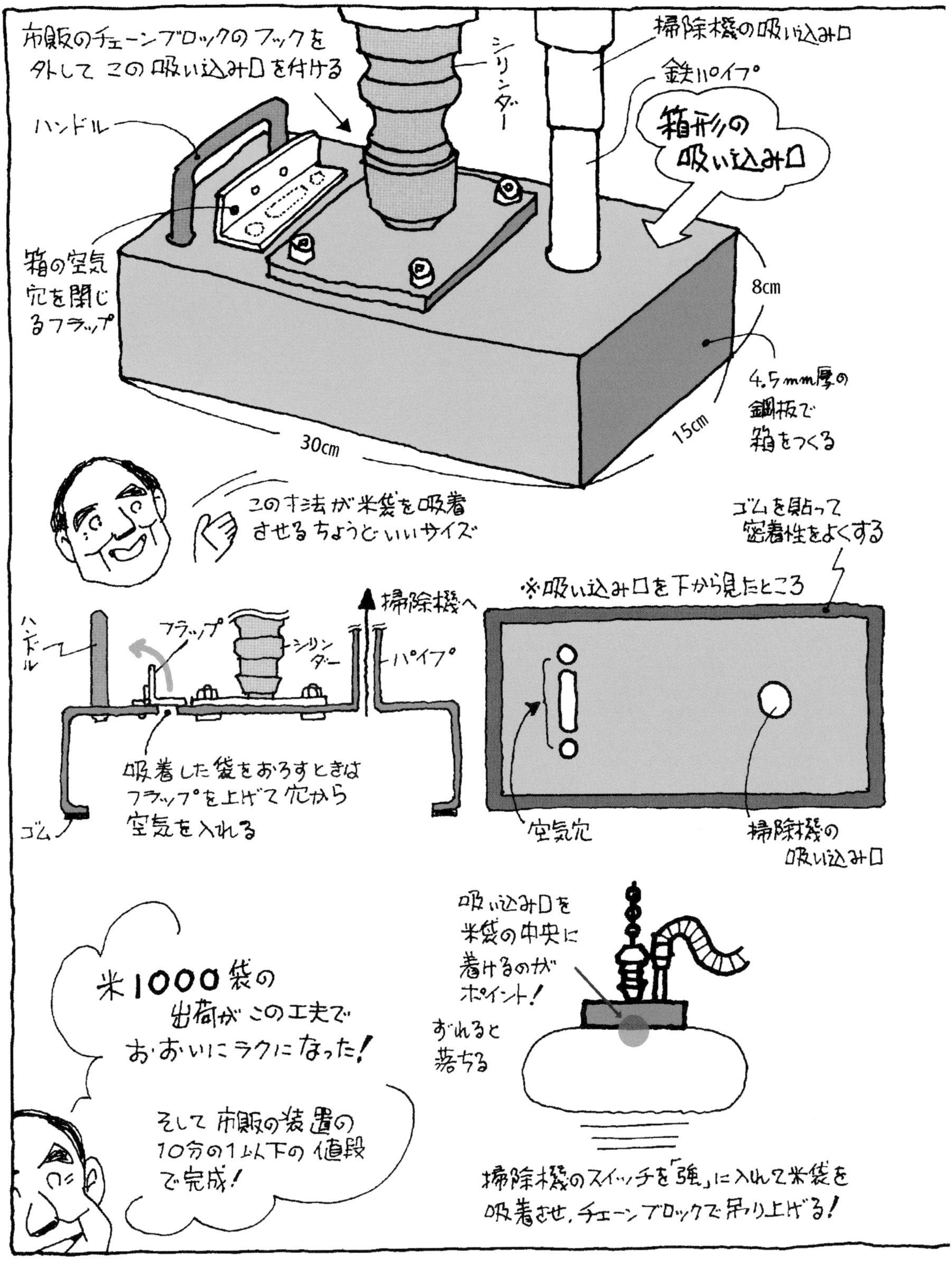
市販のチェーンブロックのフックを
外して この吸い込み口を付ける
シリンダー
掃除機の吸い込み口
鉄パイプ
箱形の吸い込み口
ハンドル
箱の空気穴を閉じるフラップ
8cm
4.5mm厚の鋼板で箱をつくる
15cm
30cm
この寸法が米袋を吸着させるちょうどいいサイズ
ゴムを貼って密着性をよくする
※吸い込み口を下から見たところ
掃除機へ
ハンドル
フラップ
シリンダー
パイプ
吸着した袋をおろすときはフラップを上げて穴から空気を入れる
ゴム
空気穴
掃除機の吸い込み口
吸い込み口を米袋の中央に着けるのがポイント！
ずれると落ちる
米1000袋の出荷がこの工夫でおおいにラクになった！
そして市販の装置の10分の1以下の値段で完成！
掃除機のスイッチを「強」に入れて米袋を吸着させ、チェーンブロックで吊り上げる！

選別機を改造 クズ米計量機として使う

三重●野呂圭祐さん

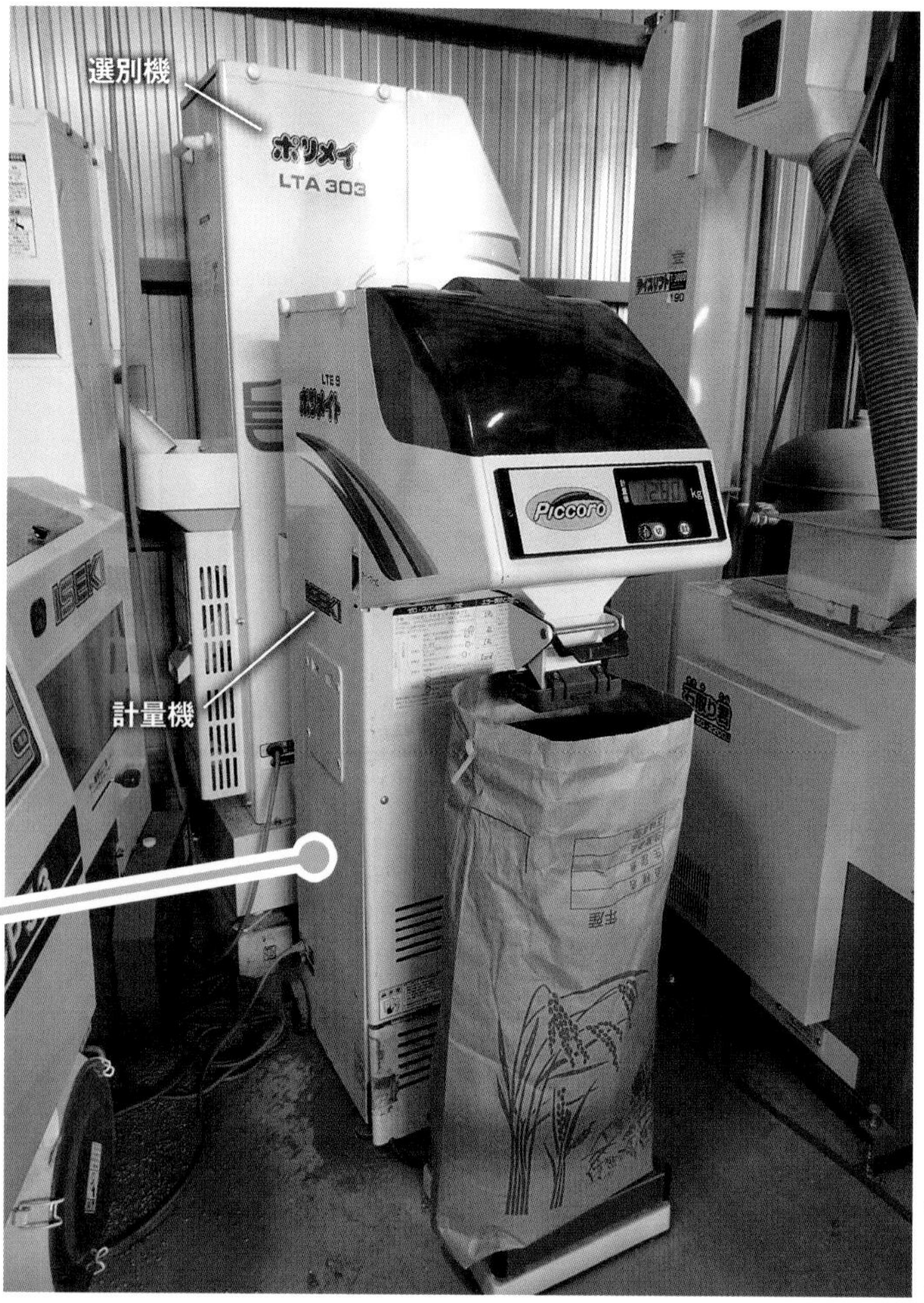

オリジナルのクズ米計量機（イセキのポリメイトLTE9を改造）。昨年最初のものが故障したので、現在のものは2代目

野呂圭祐さん（48歳）。精米作業はほとんど1人でこなす

1袋ずつ手で計量していた

三重県四日市市でイネを育てる野呂圭祐さんは、中古の選別機を改造した「クズ米計量機」を愛用。精米後のクズ米の計量を自動化し、収穫時期の調製作業を効率化している。

地域では比較的大きい調製施設を持つ野呂さんは、自身で管理する田んぼ30haからとれるモミに加え、近所の農家からの調製依頼も受け入れている。お盆過ぎから10月まで、収穫、乾燥、

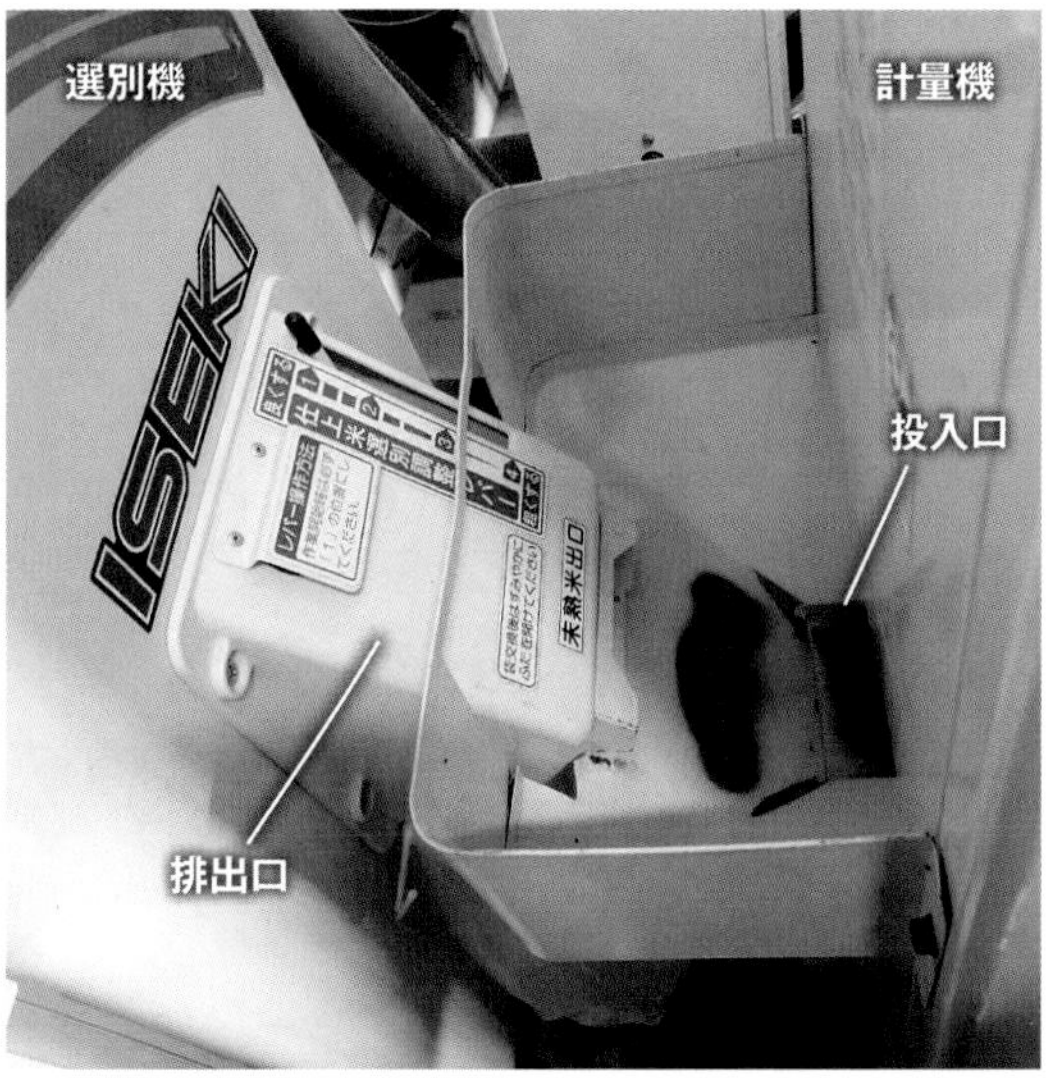

既存の選別機のクズ米排出口と、クズ米計量機の投入口との接続部。高さが合わないため、投入口側の受け皿に穴を開けてある

クズ米計量機用の筒状のふるい。M網をブリキの板で囲み、選別できないようにしている

モミすり、そして精米を、1～2人で並行してこなしており、「身体がいくつあっても足りない」。

とくにやっかいだったのが、選別の際に出るクズ米だ。野呂さんは1・80㎜のM網ではなく、1・85㎜のL網を使っている。大きめのクズ米は収集業者からの人気も高く、高い年だと買い取り価格は1kg100円近くになる。野呂さんにとって、大事な収入源だ。

しかし、収集業者へ出荷するためには、30kg袋への袋詰めが必要。多いときには1日で20～30袋詰めるのだが、以前は自動で計量する機械を持っていなかった。そのため、選別機の吐出口から目分量で袋に詰めて置いておき、精米終了後に一つ一つ手作業で量を調整し、計量し直していた。

ブリキの板でふるいを囲んだ

7年前、気心知れた農機具屋に「どうにかならないか」と相談すると、「中古で安い選別機があるから、これを改造して『計量機』として使えばいいんじゃないか」とアドバイスを得た。

この選別機は野呂さんが使う既存の選別機より小型のもの。農機具屋にお願いし、筒状のふるいをブリキの板で囲ってもらい、選別能力のない「クズ米計量機」に改造した。改造費含めて2万円ですんだ。

計量機は、投入口を既存の選別機のクズ米吐出口に接続して使う。選別能力がないので、投入されたクズ米は全量が計量され、30kgになったらブザーが鳴り、自動的に袋詰めは停止する。その後もクズ米は投入され続けるが、それほど大量に排出されるわけではないし、計量機内部にも多少米を溜められるスペースがあるので、数分間放っておいても問題はない。

「以前はいつの間にか袋からクズ米が溢れる不安があったけど、今はブザーが鳴るから安心して別の作業ができる。100袋以上の計量が自動化できて、断然ラクになった」

本書に掲載したおもな米の乾燥調製用機械メーカー・取り扱い先一覧

種類	メーカー	住所	電話	掲載ページ（開始ページ）
乾燥機	金子農機㈱	埼玉県羽生市小松台1丁目516番10号	TEL 048-561-2111 FAX 048-563-1577	24ページ
	㈱山本製作所	山形県東根市大字東根甲5800-1	TEL 0237-43-3411 FAX 0237-43-8830	40ページ
	㈱サタケ広島本社	広島県東広島市西条西本町2番30号	TEL 082-420-8541 FAX 082-420-0005	40ページ
	大島農機㈱	新潟県上越市寺町3丁目10番17号	TEL025-522-5012	37ページ
集塵機	金子農機㈱	上記参照	上記参照	「ゴミとるもん」「チリとるもん」など14, 32, 33, 72, 73ページ
	㈱サンダイヤ	東京都大田区西蒲田2丁目9-10	TEL 03-3753-8300 FAX 03-3752-3661	「ダストル（サタケでも扱いあり）」など72ページ
	㈱ホクエツ	新潟県燕市物流センター2-29	TEL 0256-63-9155 FAX 0256-64-2088	「ダストル」など72ページ
モミすり機	㈱サタケ東京本社	東京都千代田区外神田4丁目7番2号	TEL 03-3253-3111 FAX 03-5256-7130	62ページ
自動選別計量機	㈱タイガーカワシマ	群馬県邑楽郡板倉町大字籾谷2876	TEL 0276-55-3001 FAX 0276-55-3006	83ページ
自動選別計量機	井関農機㈱本社事務所	東京都荒川区西日暮里5丁目3番14号	TEL 03-5604-7602	108ページ
色彩選別機	㈱サタケ	上記参照	上記参照	「ピカ選」など78ページ
精米機	㈱タイワ精機	富山県富山市関186番地	TEL 076-429-5656 FAX 076-429-7213	90ページ
	㈱山本製作所	上記参照	上記参照	95ページ
コイン精米機	㈱クボタ	大阪市浪速区敷津東1丁目2番47号	TEL 06-6648-2111	100ページ
循環式精米機	カンリウ工業㈱	長野県塩尻市広丘野村1526番地1	TEL 0263-52-1100 FAX 0263-54-2485	
	宝田工業㈱	京都府亀岡市大井町小金岐4丁目8	TEL 0771-22-5599 FAX 0771-22-5589	

お問い合わせは、まずはお近くの販売代理店か農協までご連絡ください。

掲載記事初出一覧（すべて月刊『現代農業』より）

〈PART 1　乾燥・モミすり・選別作業のトラブル〉

■乾燥モミすり選別のトラブル

機械は水平に置いて、キレイに掃除しなきゃ ……………………………… 2018年12月号

〈PART 2　乾燥名人になる〉

■乾燥機のしくみとメンテ

サトちゃん乾燥機に潜入！　構造を知れば、掃除もメンテもうまくなる ……………………… 2016年9月号

■乾燥機でおいしく仕上げたい―私の二段乾燥米

PP袋、放冷タンク、フレコンで一時貯留 ……………………………………… 2019年9月号

乾燥機かフレコンで寝かせる ………… 2019年9月号

温度の下げ方、湿度に合わせた乾燥 ………………… 2021年9月号、2021年11月号

■自然乾燥でラクにムラなく仕上げたい

8haで効率よく杭掛け …………… 2020年9月号

均一に乾燥できるくるくる杭掛け … 2020年9月号

師匠直伝　はざ掛けのコツ………… 2020年9月号

自然乾燥のイナワラが売れる①　畳床に工芸品に ………………… 2018年11月号

自然乾燥のイナワラが売れる②　野菜のマルチにペットのケージに … 2014年9月号

〈PART 3　モミすり名人になる〉

■モミの混入をなくしたい

サトちゃんが伝授　モミすりスピードを上げる「神の手」…………………………… 2018年9月号

■ホコリを減らしたい

ホコリを噴霧機でシャットアウト ……… 2016年9月号

自作のホコリ処理施設とホコリ取り器 ……………………………………… 2014年9月号

モミガラ回収袋8連吊り下げ器 ……… 2021年9月号

飼料米はモミすりしてから乾燥すれば光熱費が半分になる ……………………… 2019年12月号

■いい米をムダに弾きたくない

色彩選別機の上手な使い方 ……… 2013年12月号

ライスグレーダーのしくみと網目のこと ……………………………………… 2018年11月号

一等米、ふるい下米、クズ米、中米とは ……………………………………… 2016年11月号

■かしこく貯蔵保存したい

フレコンバッグでモミの常温貯蔵 ………… 新規記事

穀物タンクとカイロで玄米の常温貯蔵 …… 新規記事

コンパネと発泡ウレタンで自作保冷庫 ……………………………………… 2016年9月号

20万円自作の保冷庫…………………… 2013年9月号

〈PART 4　精米名人になる〉

■つきムラをなくしたい

精米機の上手な使い方 …………… 2019年11月号

分づき精米のやり方 …………… 2016年11月号

精米機の徹底掃除＆メンテナンス … 2019年11月号

おまけ　サトちゃんの　スピード2倍の米袋結び術 ……………………………………… 2019年9月号

コイン精米機を経営に取り入れるコツ ……………………………………… 2009年9月号

じっくり時間をかけるから米がうまい、破砕米がない「循環式精米機」………………… 2016年11月号

■出荷作業をラクにしたい

ビールケースと滑り止めグローブで持ち上げがラクに ……………………………………… 2019年11月号

キャスター付き昇降機 ……………… 2019年11月号

掃除機で米袋をエアキャッチ ………… 2014年9月号

選別機を改造　クズ米計量機として使う ……………………………………… 2019年11月号

【資料】乾燥調整用機械一覧（メーカー）…… 新規記事

本書は『別冊 現代農業』2022年 9月号を単行本化したものです。

※執筆者・取材対象者の住所・姓名・所属先・年齢等は記事掲載時のものです。

撮　影
●倉持正実
●依田賢吾
●小倉隆人

イラスト
●アルファ・デザイン

農家が教える
うまい米に仕上げる　乾燥・モミすり・精米のコツ

2023年2月25日　第1刷発行

農文協　編

発行所　一般社団法人　農山漁村文化協会
郵便番号 335-0022 埼玉県戸田市上戸田2丁目2-2
電 話 048(233)9351(営業)　048(233)9355(編集)
FAX 048(299)2812　振替 00120-3-144478
URL https://www.ruralnet.or.jp/

ISBN978-4-540-22214-6　DTP製作／農文協プロダクション
〈検印廃止〉　印刷・製本／凸版印刷㈱